高大模板支撑体系施工期风险控制

郭超 主编
陆征然 齐琳 副主编

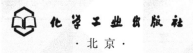

化学工业出版社

·北京·

内 容 简 介

本书考虑高大模板支撑体系实际存在的偏心因素,以及其在施工过程中受各种诱发荷载影响可能导致扣件破坏、剪刀撑失效等不利状况,对此种体系开展了一系列不同工况下的原型试验研究。在此基础上,充分考虑模板支撑体系构配件性能的随机性,对其进行了体系可靠度计算。采用 WBS-RBS 法和 AHP 法对混凝土-模板支撑工程进行风险分析,并针对识别出的各种风险因素,分别从设计、施工和管理三个方面提出相应的管控措施。

本书可作为从事土建施工的施工技术人员、安全监督人员、监理人员和监管人员的参考书,同时,可供相关专业的土木工程施工技术研究工作者和工程技术人员阅读。

图书在版编目(CIP)数据

高大模板支撑体系施工期风险控制/郭超主编. —北京:
化学工业出版社,2021.7
ISBN 978-7-122-39226-8

Ⅰ.①高… Ⅱ.①郭… Ⅲ.①模板-支撑-建筑工程-
工程施工-风险管理-研究 Ⅳ.①TU755.2

中国版本图书馆 CIP 数据核字(2021)第 097009 号

责任编辑:吕佳丽 邢启壮　　　　　　文字编辑:林 丹 汲永臻
责任校对:王素芹　　　　　　　　　　装帧设计:王晓宇

出版发行:化学工业出版社(北京市东城区青年湖南街 13 号　邮政编码 100011)
印　　装:天津盛通数码科技有限公司
710mm×1000mm　1/16　印张 6¾　字数 120 千字　2021 年 9 月北京第 1 版第 1 次印刷

购书咨询:010-64518888　　　　　　　售后服务:010-64518899
网　　址:http://www.cip.com.cn
凡购买本书,如有缺损质量问题,本社销售中心负责调换。

定　　价:68.00 元　　　　　　　　　　　　　　　版权所有　违者必究

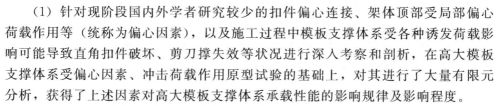

前言

现阶段，我国在推进新型城镇化建设进程中，大规模的高速铁路、城市轨道交通、市政基础设施、高层建筑结构的施工中均要用到高大模板支撑体系，这对高大模板支撑体系设计的安全、经济、合理性都提出了更新、更高的要求。

本书对课题组近 6 年来在高大模板支撑体系承载性能以及施工期可靠性方面的研究成果进行了详细介绍。

本书的主要研究成果如下：

（1）针对现阶段国内外学者研究较少的扣件偏心连接、架体顶部受局部偏心荷载作用等（统称为偏心因素），以及施工过程中模板支撑体系受各种诱发荷载影响可能导致直角扣件破坏、剪刀撑失效等状况进行深入考察和剖析，在高大模板支撑体系受偏心因素、冲击荷载作用原型试验的基础上，对其进行了大量有限元分析，获得了上述因素对高大模板支撑体系承载性能的影响规律及影响程度。

（2）充分考虑模板支撑体系的随机性，从各构配件的材料性能、截面几何属性、扣件约束功能的衰减及退化等角度出发，将钢管外径、壁厚、弹性模量及扣件转动刚度四种因素视为随机变量，探讨以上各单因素及多因素耦合作用下对模板支撑体系承载性能的影响，并对其可靠度展开了分析和计算。

（3）基于 WBS-RBS 法和 AHP 法对混凝土-模板支撑工程进行风险分析，探讨 14 种风险因素对其承载性能的影响程度。在此基础上，针对模板支撑体系实际存在的各种风险因素，运用风险应对方法，分别从设计、施工和管理三个方面提出相应的管控措施。

本书由沈阳建筑大学土木工程学院郭超副教授任主编，沈阳建筑大学土木工程学院陆征然副教授、沈阳城市建设学院齐琳高级工程师任副主编。本书在编写过程中参考并引用了国内外一些已经公开出版和发表的著作、文献，并得到了许多专家学者的帮助，在此表示衷心的感谢！在课题研究过程中，研究生林志浩和李健均协助作者完成了大量的计算、分析及绘图工作，对本书的完成做出了重要贡献。作者在此对他们表示诚挚的谢意。

感谢国家自然科学基金（51308255）、辽宁省"兴辽英才计划"项目（XLYC1907121）以及辽宁省教育厅基础研究项目（lnjc202019）的支持。

由于作者的水平所限，书中难免存在不妥之处，恳请广大专家和读者提出指正和建议，以便今后进一步完善和提高。衷心希望本书提供的内容能够对读者有所帮助。

郭超

2021 年 4 月

目录

第 1 章

绪 论

1.1 研究背景

支撑高度超过 8 m，或施工总荷载大于 15 kN/m²，或集中线荷载大于 20 kN/m，或搭设跨度超过 18 m 的模板支撑系统，符合上述任何一项的均称为高大模板支撑体系。我国常用的模板支架的种类包括扣件式、碗扣式、插销式等。其中，具有搭设灵活、方便拆除等优点的扣件式钢管高大模板支撑体系应用最广泛。它是一种钢管通过节点连接而成的临时性空间结构，由立杆、水平杆、剪刀撑、扫地杆等构件组成，荷载产生的作用力由立杆传递至基础。

随着高速铁路、城市轨道交通、市政基础建设的迅猛发展，各种超大跨度、超大规模结构不断涌现，高大模板支撑体系的应用越发频繁和普遍。然而，作为一种临时结构物，其重要性往往被人们忽视。近些年来，我国发生了多起恶性的施工期高大模板支撑体系连续倒塌事故，给国家造成了严重的人员伤亡及经济损失。

综上所述，为了降低模板支撑体系倒塌事故的发生概率，必须要全面研究施工期荷载特征，掌握高大模板支撑体系实际工作性能和受力状态，找出体系主要失效模式，并获得其倒塌失效演化机理，合理构建高大模板支撑体系风险预测模型，并采取有效风险控制措施。

为此，将影响体系承载性能的各不确定因素均视为随机变量，基于可靠度理论展开模板支撑体系时变可靠性分析，有助于确定施工期复杂荷载作用下模板支撑体系倒塌失效机理，对于完善模板支撑体系的设计理论具有重要意义，同时也为临时结构体系的合理设计、安全施工提供参考。

1.2 国内外研究现状

众所周知，扣件式钢管高大模板支撑体系应用比较广泛，由于此结构体系属于临时结构，存在各种因素且各因素间相互作用，故对其安全可靠性的研究一直是建筑施工的重点、难点。由此国内外相关学者做出了大量的研究，主要集中在以下几个方面。

1.2.1　模型分析及理论计算方面

袁雪霞等分析模板支撑架的稳定承载力时考虑扣件半刚性性质，通过拟合试验结果得出扣件连接节点的弯矩-转角关系模型，并将 40 N·m 定为扣件螺栓的拧扭紧力矩取值较合理。

陈志华、陆征然等在 12 组有限元分析结果基础上，分别基于有侧移半刚性连接框架理论柱模型和部分侧移单杆稳定理论的模板支架简化模型提出了相应的简化计算公式；另外基于三点转动约束单杆模型简化为立杆计算承载力，给出立杆稳定性的计算公式。谢楠针对扣件式模板支撑体系提出了极限承载力的简化计算方法。

张金轮建立了半刚性主节点模型，考虑结构的初始缺陷进行了特征值屈曲分析、非线性屈曲分析和静力分析，得出随着步距的增加，立杆稳定性呈非线性减小。

贾莉结合 3 个足尺破坏试验得到扣件式满堂脚手架的破坏形式，提出了其架体极限承载力的简化计算模型，并推导出简化计算公式。

庄金平、蔡雪峰分析得到各因素对其整体稳定承载力的影响规律，即承载力随着横杆步距、立杆横距、模态比例因子的增加而降低，并提出计算长度修正系数的简化设计公式。

Thai 采用精细塑性铰模型用于半刚性连接框架的系统可靠性评估，并研究了可靠性对模型误差的敏感性，得出半刚性连接严重影响架体的可靠性。

1.2.2　构配件性能及施工期荷载状况研究方面

谢楠等测量了模板支架的钢管壁厚、初始弯曲率、搭设偏差和扣件拧紧力矩，并统计分析得出初始弯曲率和壁厚近似服从正态分布。

程佳佳分析了工地材料的实测数据，得出钢管壁厚和扣件拧紧力矩远低于规范要求，且变异系数很大。

郭建、杨青雄在现场对钢材的初始缺陷进行测量，并以 ANSYS 为平台运用一致缺陷模态法和随机缺陷模态法，建立了初始缺陷随机分布规律。并以初始几何缺陷、实测杆件缺陷等作为参数，对脚手架的受力性能及极限承载能力进行了分析、讨论。

蔡雪峰、庄金平进行直角扣件钢管节点抗滑性能试验，建议周转次数不宜超过 25 次。

Dabaon M A 对空间钢和复合半刚性节点的性能进行了试验研究，并通过现有数值模型与试验结果对比，从而证实该模型的有效性。

Zhang H 和 James Reynolds 在悉尼三个建筑工地针对混凝土荷载进行实测，并提出极限荷载状态下最佳荷载组合。

苗吉军通过现场实践调查施工期恒荷载并进行统计分析，在 95% 的保证率下给出了施工期各阶段的恒荷载取值。

赵挺生分析了施工期钢筋混凝土结构时变受力特性，随后在现场调查测量立杆受力情况，计算得出现场施工活荷载服从伽马分布，其变异系数为 0.675。

谢楠进行大量施工现场的恒荷载调查，提出统计活荷载和混凝土荷载的方法，并给出施工各阶段的荷载统计特征。

金国辉提出了考虑风荷载对扣件式钢管高支模体系承载性能的影响，通过有限元分析并证实了风荷载对其稳定承载力的不利影响。

Zhang 等研究了多种不确定性因素对脚手架体系可靠度的影响，得出可靠性指标随着活恒比值增加而降低。同时，还研究了不同随机变量对失效模式下结构强度变异性以及可靠性的影响，得出偏心荷载是影响结构强度主要因素之一的结论。

Reynolds 在混凝土浇筑和硬化阶段进行立杆轴力实测，指出恒荷载服从正态分布，均值/标准值为 1.05，变异系数为 0.3；活荷载服从极值 I 型分布，均值/标准值为 0.818，变异系数为 0.381。

谢楠根据浇筑期内施工荷载的特点，采用机动法对模板支撑体系立杆轴力影响面进行研究，并在现场调研的基础上，提出了各类施工荷载标准值的取值方法。此外，还基于"两阶段"设计准则，提出了一种防连续倒塌型的高大模板支撑体系。

1.2.3 试验研究方面

胡长明进行扣件半刚性试验，得出节点扭转刚度与扣件拧紧力矩之间的关系。

陆征然研究了满堂脚手架支撑体系和满堂支撑架支撑体系的力学性能，并对超高满堂支撑架进行了一系列原型试验，提出了计算稳定承载力的改进方法。

陈安英考虑不同搭设方式进行了试验分析，得出扣件式钢管支架结构的抗侧刚度与螺栓拧紧力矩之间的关系。

刘莉建立模板支架试验模型，分析不同伸出长度下的可调支托对模板支架的影响，建议伸出长度不宜超过 400 mm。

陆征然、郭超等分别在静力、动力试验中考虑了架体受到偏心荷载以及部分扣件失效等条件下，各因素对扣件式钢管脚手架的承载性能影响。

崔红娜、陈志华等运用有限元软件建立了直角扣件节点三维实体模型，通过逐级加载的方式得出扣件拧紧力矩与螺栓预紧轴力呈线性关系，并提出在施工现场扣件螺栓拧紧力矩宜≤45 N·m。

Yang 和 Hancock 考虑局部弯曲和扭曲的相互作用展开试验，利用两种简单的设计方法得出试验及理论结果。

Gilbert 和 Rasmussen 展开了各种荷载条件下的荷载传递和相对刚度的试验研究。

Mehri 和 Crocetti 考虑不同初始缺陷的条件下对脚手架扭转支撑性能展开试验研究。

1.2.4 安全风险管理研究方面

王雪艳，梅源等结合 AHP 法和模糊理论法，从定量和定性的角度，对高大模板支撑架的稳定性能展开研究。

郑莲琼运用 AHP 法辨识风险，确定各因素对模板支撑架稳定性的影响程度，得出立杆外伸长度、扫地杆设置以及扣件拧紧力矩较为重要。陈国华将 WBS-RBS 和 AHP 法相结合，分析跨海桥梁工程中存在的风险，并提出控制措施。

薛瑶、刘永强等对水利工程项目全周期基于 WBS-RBS 法识别风险给出建议。

李宗坤、张亚东等人运用 WBS-RBS 法进行水利枢纽工程施工期的风险分析。

苏丹阳分析了施工和设计中的多种影响因素，并利用模糊综合评价法评价其稳定性。

戴顺建立模板支撑体系稳定性评价指标模型，并运用 AHP 法对模板支撑体系安全性能影响因素进行评估。

Carr 和 Tah 建立风险分解结构模型，表示风险因素、风险及其后果之间的关系。

Farnad 等基于模糊理论和系统动力学提出了一种风险分析和风险评估的新方法，将其应用于桥梁工程考虑风险因素间相互影响机理。

Abdelgawad 和 Fayek 结合模糊 FMEA 法和模糊 AHP 法，系统分析风险因素并排序。随后他们采用 FMEA 法与故障树、事件树以及模糊理论法相结合的方法综合分析建筑风险。

Khakzad 等提出了一种基于 bow-tie 方法和贝叶斯理论的动态风险分析方法。

Wang 和 Chen 提出了一种结合模糊综合评价法和贝叶斯网络理论的风险分析方法，对地铁建设中安全风险因素展开讨论，为地铁施工之前的动态早期风险预警和控制提供了基础。

1.2.5 体系可靠度研究方面

伴随着可靠度理论的发展，近些年来，国内、外学者对施工期混凝土结构的可靠度进行了较为广泛和深入的研究。但对于模板支撑体系这种临时结构的可靠性研究较少。主要研究成果如下。

徐伟对上海环球金融中心工程整体钢平台模板体系进行了动力可靠性分析，提出了多自由度体系的动力可靠度的简化计算公式，并得到了整体钢平台模板体系动力可靠度的区间估计。

刘飞提出了脚手架荷载和抗力的概率模型，结合工程实例对脚手架进行了可靠度计算，并研究了脚手架搭设过程中的人为错误发生及其影响规律。徐军平通过对模板支架的有限元分析，明确了体系可靠性分析应该采用半刚接的计算模式更能符合施工实际与工程需要，并进行了模板支架结构体系可靠度分析和敏感度分析。

孙作功基于工程实例，分别对扣件式满堂脚手架、落地式钢管脚手架和附着式升降脚手架建立二维或三维模型，给出计算假定，运用SAP2000分析计算了结构杆件最不利内力，确定结构的主要失效模式，建立各失效模式的功能函数，计算结构主要失效模式的可靠指标。

袁雪霞以高层现浇钢筋混凝土无梁楼盖为对象，进行了施工期钢筋混凝土结构的时变可靠性分析，找出了混凝土结构和模板支撑体系人为错误发生及其对结构参数的影响，并采用蒙特卡罗数值模拟方法计算了施工期钢筋混凝土结构的体系可靠度。

鲁征采用蒙特卡罗数值模拟及插值法相结合的方法，建立了扣件式模板支架稳定系数的分布概率模型，并进行了相应的可靠度分析，此外，还对活荷载统计参数与可靠指标的相关性进行了探讨。赵挺生通过现场实测，统计获得了模板支撑负担面积、支撑偏斜率等随机变量的统计参数，为施工期可靠度分析提供了必要的基础。

Gross和Lew认为施工阶段是结构最关键的时期，并分析了模板支撑架设计中需考虑的各种施工荷载，提出应该采用极限状态方法进行模板支撑架设计。

Charuvisit等采用风洞试验并结合现场测量的方法，通过对连墙件可靠性的分析，对大风环境中脚手架工作的风险进行了评估。

Zhang等通过对碗扣式模板支撑体系进行实地调研与相关试验得到了相应的统计参数，将初始几何缺陷、荷载偏心、节点刚度等因素应用于有限元模型中，应用蒙特卡洛模拟法得到了体系抗力的统计参数；此外还应用一次二阶矩法讨论了模板支撑体系的荷载对可靠指标的影响。

Reynolds研究了碗扣式模板支撑体系，对荷载、U形托进行了调研试验并建立了有限元模型，采用蒙特卡洛模拟法得到了支撑体系抗力的统计参数。结合荷载抗力系数设计法（LRFD），提出了基于设计目标可靠指标的分项系数设计方法。

Epaarachchi以典型的多层钢筋混凝土建筑结构为对象，计算了由上部钢筋混凝土和下部模板支撑组成的结构体系在施工期间的可靠度。但是，文中并没有单独对下部模板支撑体系的可靠度进行详细的研究。

1.3　本书主要开展的研究内容

（1）偏心因素对模板支撑体系承载性能影响研究

模板支撑体系中纵、横两个方向上的水平杆通过直角扣件与立杆相连，剪刀撑通过旋转扣件与立杆或水平杆相连，各根杆件的轴线不在同一平面内，且所有的杆件不能相交于一点，均存在一定的偏心距，因此，荷载在从顶至下的传递过程中仍存在偏心情况。同时，施工过程中，模板支撑体系顶部经常会出现局部堆放较大施工设备及过多的建筑材料、预制构件等现象，有时局部堆载区域距离架体重心还有较大的偏心距，这都可能造成支撑体系局部杆件超载失稳，进而引起架体整体倒塌。

本书针对偏心因素的影响，从以下几个方面进行了详细研究：

① 在课题组进行的直角扣件半刚性试验以及 13 个不同搭设参数下模板支撑体系原型试验的基础上，考虑由于扣件的连接导致立杆与水平杆不在同一平面内，进而在竖向荷载传递过程中产生偏心的情况，对工程中常用的大量不同搭设参数下的模板支架进行了考虑初始缺陷的非线性有限元分析，深入地研究了此类架体在扣件"偏心"连接下的承载性能。

② 考虑在施工过程中，支撑体系顶部可能出现较大局部堆载的状况以及模板支撑体系内部分扣件会发生破坏、失效的不利实际情况，进行了 9 组不同工况下模板支撑体系的原型试验，深入地研究了各种"偏心"因素对此类结构体系承载性能的影响。

（2）水平冲击荷载作用下模板支撑体系的动力性能研究

高大模板支撑体系在上部受到动力荷载如输送混凝土的泵管水平冲力、混凝土振捣器的震动力（统称诱发荷载）的瞬间作用下，将会使得结构体系中部分立杆压力加重、侧向位移增加以及承压能力削弱，从而导致部分扣件发生松脱、滑移、断裂甚至失效，局部立杆首先失稳，进而引发整个体系坍塌。工程上有许多满堂支撑体系的倒塌都是由于对这种瞬间作用力的破坏估计不足而引起的。但是，在目前的研究中，对于高大满堂支撑架受力状态的测试多以静力测试为主，而对于动力效应的测试研究还很少。

本书考虑模板支撑体系在混凝土浇筑期受到的诱发荷载作用以及部分扣件在使用过程中发生破坏、失效的不利实际情况，对其在冲击荷载作用下的动力性能进行了有限元分析及原型试验，得到了在不同混凝土浇筑时段体系的动力响应，找出了混凝土浇筑量的变化以及扣件的失效对体系受力状态的影响规律。

（3）高大模板支撑体系时变可靠性的研究

由于模板支撑体系在整个服役期内，需要被反复搭设、使用、拆除、运输和存放。在此过程中，扣件和钢管将产生磨损、锈蚀、变形及损伤，这必将导致各构配件材料性能、截面几何属性、扣件约束功能的衰减及退化，因而，同一施工项目中使用的模板支撑构配件，个体性能存在极大差异。构配件材料性能、截面几何特征、扣件约束功能以及施工期荷载作用（包括普通恒、活荷载、诱发及冲击荷载）为模板支撑体系的控制性随机变量。

通过文献资料收集、现场调查研究、构配件力学性能试验等手段，利用统计回归分析方法，获得了上述各控制性随机变量的概率统计分布特征。在此基础上，分别基于两种理论计算模型，将钢管管径、壁厚、弹性模量以及扣件转动刚度四种不确定因素视为随机变量，对体系承载力的可靠度进行计算。分别探讨单一因素和多种因素耦合作用下其对模板支撑体系承载性能的影响规律。

（4）施工期混凝土-模板支撑复合承载体系风险分析

按照 WBS-RBS 法和 AHP 法的理论及流程依次分析风险因素，并评估风险。首先，针对多层混凝土-模板支撑复合承载体系，进行模板支撑性能和混凝土结构性能影响因素的识别；其次，运用 WBS 进行工作分解和 RBS 进行风险分解，并构建 RBM 矩阵进行风险辨识，计算得到风险指数向量；然后，建立稳定性因素评价体系，并构建判断矩阵，计算得到风险权重向量；最后计算得到风险指数，根据计算结果进行风险评估。

在风险分析和评估的基础上，分别从设计、施工和管理三方面着手，有针对性地对各风险因素提出可以有效降低风险的改进措施。

第2章

偏心及诱发因素对模板支撑体系承载性能的影响

　　直角扣件式高大模板支撑体系因搭设灵活、拆除方便、可反复周转使用等特点被广泛应用。近年来，模板支撑体系坍塌事故不断发生，根据文献资料公布的数据，2011—2016年模板支撑体系坍塌事故发生率约占1/3，且多发生在混凝土浇筑阶段。

　　在混凝土浇筑期内，模板支撑体系不仅要承受自身及上部钢筋、混凝土等材料产生的重力以及施工机械、建筑材料等产生的局部较大荷载，还将受到诸如施工活荷载、风荷载、输送混凝土的泵管水平冲力、混凝土振捣器的震动力等一系列形式复杂且具有较强随机性的荷载。在上述诸形式荷载的共同作用下，模板支撑体系中将出现部分立杆压力加重、侧向位移突增、杆件间的连接扣件松脱、滑移、断裂甚至失效等情况。施工过程中，施工机械对模板支撑体系顶部产生的局部荷载以及泵管对其产生的水平冲击，分别如图2.1、图2.2所示。

图2.1　模板支撑体系顶部受局部荷载作用　　　图2.2　模板支撑体系受泵管冲击作用

　　国内外诸多学者指出，荷载偏心传递、剪刀撑设置、扣件破坏、混凝土浇筑时冲击荷载、扫地杆设置、立杆顶端外伸长度等因素均对模板支撑体系稳定性产生影响。如英国规范中提出，此体系存在偏心荷载时，振捣器的震动力、浇筑混凝土的冲击力、输送混凝土泵管的水平力严重影响架体的稳定性；谢楠指出，泵送混凝土泵管对架体产生的荷载动力效应很大；闫鑫、胡长明等利用 ANSYS 建立高大模板支撑体系计算模型，得出承载力随着立杆顶端外伸长度的增大而减小的结论。

由此，本章基于直角扣件式模板支撑体系在竖向静力荷载以及水平冲击荷载作用下的有限元分析及原型试验，对现阶段研究较少的扣件偏心连接、架体顶部局部偏心荷载作用等偏心因素，以及施工过程中受各种诱发因素影响可能导致直角扣件破坏、剪刀撑失效等状况进行深入考察和剖析，找出上述因素对模板支撑体系承载性能影响规律及程度，为后续的施工期模板支撑体系风险分析提供依据。

2.1 构配件性能试验

2.1.1 钢管材料性能试验

进行模板支撑体系各种不同工况下的承载性能原型试验前，在施工现场抽取 3 根钢管，并做了材料性能试验，如图 2.3 所示，得到材料拉伸曲线。材料性能指标均值如下：抗拉强度 436.92 MPa，屈服强度 374.92 MPa，弹性模量 2.06×10^5 MPa。

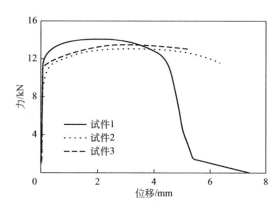

图 2.3 钢管材料性能试验

2.1.2 扣件转动刚度性能试验

如图 2.4 所示,将直角扣件安装在两根互相垂直的钢管上,水平杆长 2100 mm,在一端距中心 1000 mm 处的水平杆上加荷载 P。在预加荷载 P 为 20 N 时,将测量仪表调整到零点。第一级加荷 80 N,然后以每 100 N 为一级加荷,一直加到 900 N。同时,分别在立杆上以及水平杆无荷载端、距离扣件中心 200 mm 处,设置观测点 b 和 c,安装位移计,并测量该两点处的位移值 f_b、f_c。

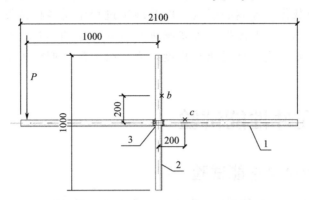

图 2.4 扣件转动刚度测量方案示意图(单位:mm)

1—水平杆;2—立杆;3—直角扣件

具体试验方案如下:拟将试验分成 3 组,每组 4 个直角扣件。三组扣件的拧紧力矩分别为 30 N·m、40 N·m 和 50 N·m,借此以找出扣件刚度与其拧紧程度之间的关系。加载方式是利用试验室现有的标准砝码进行逐级加载,则对直角扣件所加的各级弯矩值分别为 200 N·m、400 N·m、500 N·m、600 N·m、700 N·m、800 N·m、900N·m。

测量出 b、c 这两点的位移值 f_b 和 f_c 后,按照公式（2.1）计算出两点的相对转角即可:

$$\theta = \arctan(f_c - f_b)/200 \qquad (2.1)$$

试验装置如图 2.5 所示,在反力架横梁的下端,通过螺栓固定一块 20 mm 厚的钢板,钢板下部焊接一段高度为 50 mm 的套管,将 1000 mm 长的立杆插进套管中,固定立杆顶部。水平杆与立杆用扣件连接,水平杆长 2100 mm,立杆的底部同样插进一个焊有 50 mm 高套管的方钢管混凝土底座,固定立杆底部。方钢管混凝土底座与地面之间的空余高度用另外一个混凝土底座垫起。

由于试件的随机性以及差异性,所以选取测量结果的平均值作为这组试验的最终结果。试验中所测量的 b,c 两点位移值以及用公式（2.1）求出的扣件转角见表 2.1。

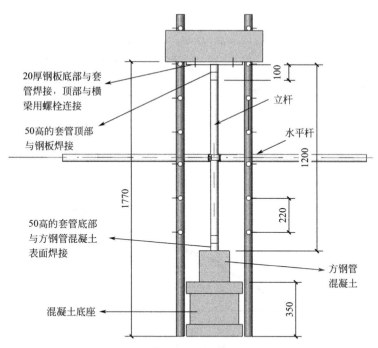

图 2.5　直角扣件转动刚度试验示意图

20厚钢板底部与套管焊接，顶部与横梁用螺栓连接

50高的套管顶部与钢板焊接

50高的套管底部与方钢管混凝土表面焊接

混凝土底座

立杆

水平杆

方钢管混凝土

表 2.1　直角扣件转动刚度测量结果

扣件拧紧力矩为 30 N·m				扣件拧紧力矩为 40 N·m				扣件拧紧力矩为 50 N·m			
弯矩 /kN·m	f_b /mm	f_c /mm	转角 /rad	弯矩 /kN·m	f_b /mm	f_c /mm	转角 /rad	弯矩 /kN·m	f_b /mm	f_c /mm	转角 /rad
0.2	2.046	7.474	0.0270	0.2	0.244	5.2810	0.0252	0.2	0.2240	3.444	0.0161
0.4	2.281	11.921	0.0482	0.4	0.44	7.02	0.0373	0.4	0.5060	4.486	0.0199
0.5	2.434	14.054	0.0581	0.5	0.584	8.644	0.0403	0.5	0.6240	5.124	0.0225
0.6	2.544	16.144	0.0680	0.6	0.76	10.68	0.0496	0.6	0.7280	6.088	0.0268
0.7	2.672	18.752	0.0804	0.7	0.96	13.22	0.0613	0.7	0.9400	7.6400	0.0335
0.8			变形 过大	0.8	1.17	14.81	0.0682	0.8	0.9480	8.968	0.0401
				0.9	1.36	16.46	0.0755	0.9	1.1180	11.158	0.0502
				1.0	1.562	18.702	0.0857	1.0	1.2660	13.486	0.0611
								1.1	1.4100	15.41	0.0700
								1.2	1.5220	17.502	0.0799

由表2.1得出的扣件弯矩-转角关系曲线及相应公式如下：

扣件拧紧力矩为 30 N·m 时，其弯矩-转角关系曲线如图 2.6 所示。

扣件拧紧力矩为 40 N·m 时，其弯矩-转角关系曲线如图 2.7 所示。

扣件拧紧力矩为 50 N·m 时，弯矩-转角关系曲线如图 2.8 所示。

扣件三种情况下的弯矩-转角关系曲线对比如图 2.9 所示。

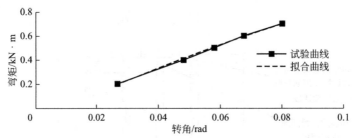

图 2.6　拧紧力矩为 30 N・m 时扣件的弯矩–转角关系曲线

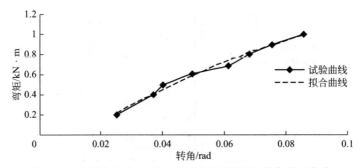

图 2.7　拧紧力矩为 40 N・m 时扣件的弯矩–转角关系曲线

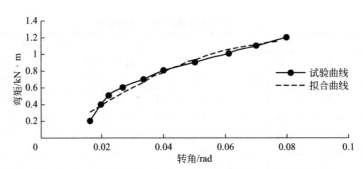

图 2.8　拧紧力矩为 50 N・m 时扣件的弯矩–转角关系曲线

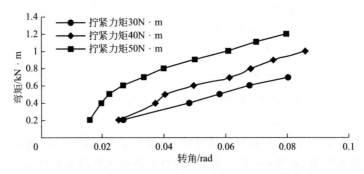

图 2.9　三种情况下扣件的弯矩–转角关系曲线对比

取弯矩-转角曲线的初始切线斜率为扣件的转动刚度，则当扣件的拧紧力矩为 30 N·m、40 N·m、50 N·m 时，转动刚度分别为 10.5958 kN·m/rad、19.8674 kN·m/rad、30.1870 kN·m/rad。

从试验结果中可以得到以下结论：

① 扣件的拧紧程度对扣件转动刚度有很大影响。当扣件的拧紧力矩为 30 N·m、40 N·m、50 N·m 时，扣件的转动刚度分别为 10.5958 kN·m/rad、19.8674 kN·m/rad、30.1870 kN·m/rad。拧紧程度高，承载能力加强，而且在相同力矩作用下，转角位移相对较小。

② 按照目前通过转动刚度对节点连接性质划分的方法，对试验中得到的直角扣件的弯矩-转角曲线进行分析，可以认定直角扣件属于半刚性连接。

2.2 偏心因素对体系承载性能的影响

2.2.1 扣件偏心连接的影响分析

在实际中，纵、横向水平杆通过直角扣件与立杆相连，水平杆与立杆的轴线不在同一平面内，两者之间存在一定的偏心距，如图 2.10 所示。

同时，在纵、横向水平杆与立杆相交处的主节点（如图 2.11 所示），按照规范的搭设要求，两个不同方向上水平杆件之间的垂直距离不小于 150mm，如图 2.12 所示。此外，剪刀撑各杆件通过旋转扣件与立杆或水平杆相连，依然存在一定的偏心距，如图 2.13 所示。

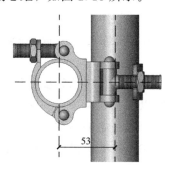

图 2.10 直角扣件连接杆件之间的偏心距示意图

图 2.11 主节点

在 2.1 节直角扣件转动刚度试验测量的基础上，以下将通过对工程中常用的、不同搭设参数下的模板支撑体系，进行考虑初始缺陷及扣件偏心状况下的有限元分析，获得扣件偏心这一因素对模板支撑体系承载性能的影响规律及程度。

在有限元计算中，钢管外径取 48 mm，壁厚 3.5 mm。按照所进行的钢管材料性能试验，钢材的弹性模量 2.06×10^5 N/mm²、屈服强度 374.9 MPa、极限强度

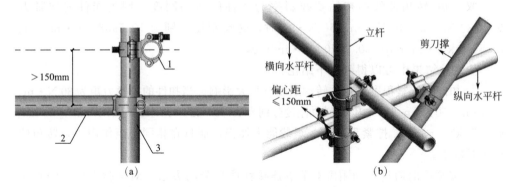

图 2.12　主节点处扣件搭设要求

1—横向水平杆；2—纵向水平杆；3—立杆

图 2.13　剪刀撑各杆件连接示意图

436.9 MPa、密度 $7.8×10^{-6}$ kg/mm³、泊松比 0.3。采用弹簧单元 COMBIN14 模拟扣件的半刚性性质，弹簧刚度的取值，按照 2.1.2 节扣件转动刚度试验中，在拧紧力矩为 40 N·m 条件下得到的结果—19.8674 kN·m/rad（偏于安全取 19kN·m/rad）进行选取。

首先，对模板支撑体系进行特征值屈曲分析。然后，将从特征值屈曲分析中所得第一阶失稳形态按照一定比例作为初始缺陷以加入模型中，并赋予材料非线性性质，进行下一步的非线性稳定性分析。所添加的初始缺陷数值符合《建筑施工扣件式钢管脚手架安全技术规范》（JGJ 130—2011）中对模板支撑架搭设中允许偏差的规定数值。

按照工程上常用的搭设规格，这里所研究的模板支撑体系，立杆间距 $S_1(S_2)$ 在 1.8～0.4 m 之间，相应立杆步距 h 分别为 1.8 m、1.5 m、1.2 m、0.9 m、0.6 m，立杆伸出顶层水平杆的长度 a 为 0.5 m，底部扫地杆的高度 b 为 0.2 m，体系的整体高度在 8m 左右。

此外，由于纵、横向水平杆与立杆利用直角扣件连接，其轴线不在同一水平面上，力的传递存在偏心，如图 2.10 所示，取偏心距为 53 mm。同时，在纵、横向水平杆与立杆相交处的主节点，按照规范的搭设要求，如图 2.12 所示，两个不同方向上水平杆件之间的垂直距离取为 150 mm。剪刀撑各杆件通过旋转扣件与立杆或水平杆相连，其偏心距依然取为 150 mm。

2.2.1.1 对无剪刀撑的模板支撑体系承载性能影响研究

（1）不考虑扣件偏心时

在实际工程中，考虑到纵、横向水平杆及立杆在直角扣件连接处不能间断，故采用 beam188 三维有限应变梁单元模拟支撑体系中的所有杆件，该单元能够模拟杆件的受弯、受剪、侧移和扭转稳定等问题。

在直角扣件连接处以及纵、横向水平杆与立杆相交的主节点处，不考虑由于直角扣件的连接所导致的各杆件间的偏心影响，采用以下方式建立计算模型：在空间中的同一坐标位置建立三个节点，分别用 N_{Vi}、N_{Hi}、N_{Li} 表示，如图 2.14 所示，其中，N_{Vi} 是立杆中的单元节点（设立杆延伸方向为 z 轴方向），N_{Hi}、N_{Li} 分别为横、纵向水平杆中的单元节点（设横向水平杆延伸方向为 x 轴方向，纵向水平杆延伸方向为 y 轴方向）。对三个节点在所有方向上的平动自由度以及绕立杆的转动自由度采用耦合约束，在由直角扣件连接的两根杆件能够产生相对扭转的平面内，两节点之间通过加入弹簧单元 COMBIN14 以模拟直角扣件提供有限转动约束的半刚性性质。

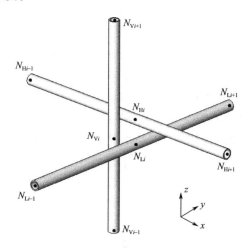

图 2.14 不考虑扣件偏心时有限元分析中的节点建立方式图

根据在文献［13］所进行的原型试验过程中观察到的现象，立杆顶部的边界条件可以视为自由，并在每根立杆的顶部施加集中荷载，立杆底部视为铰接。采用上述方法，建立的有限元模型如图 2.15 所示，对不同搭设模数下的无剪刀撑扣件式钢管模板支撑体系进行了考虑初始缺陷的非线性有限元分析，单根立杆的稳定承载力计算结果如表 2.2 所示。

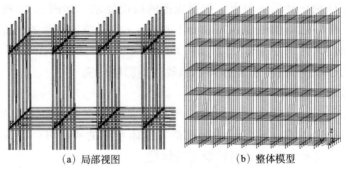

(a) 局部视图   (b) 整体模型

图 2.15 不考虑扣件偏心时模板支撑体系的有限元模型

（2）考虑扣件偏心时

依然采用 beam188 三维有限应变梁单元模拟模板支撑体系中的所有杆件。

考虑到在直角扣件连接处，立杆和纵、横向水平杆不在一个平面内的真实情况，参考如图 2.10、图 2.12 所示的直角扣件及主节点连接示意图，采用以下方式建立计算模型：在空间某一位置上，沿 z 轴方向（立杆延伸方向）依次建立两个节点，分别用 N_{VHi} 和 N_{VLi} 表示，如图 2.16 所示，两节点间距离为 150 mm，N_{VHi}、N_{VLi} 均为立杆中的单元节点。沿 y 轴方向（纵向水平杆的延伸方向）将节点 N_{VHi} 偏移 53 mm，建立横向水平杆上的单元节点 N_{Hi}，沿 x 轴方向（横向水平杆的延伸方向）将节点 N_{VLi} 偏移 53mm，建立纵向水平杆上的单元节点 N_{Li}。为了描述直角扣件的半刚性特征，在横向水平杆单元节点 N_{Hi} 与立杆单元节点 N_{VHi} 之间，加入一个绕 y 轴扭转的弹簧单元 COMBIN14 约束两节点的相对扭转，其他方向上的自由度均采用耦合约束。同理，在纵向水平杆单元节点 N_{Li} 与立杆单元节点 N_{VLi} 之间，加入一个绕 x 轴扭转的弹簧单元 COMBIN14 约束两节点的相对扭转，其他方向上的自由度也均采用耦合约束，边界条件及加载方式与不考虑扣件偏心时相同。

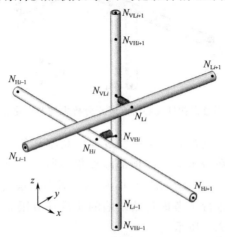

图 2.16 考虑扣件偏心时有限元分析中的节点建立方式

采用上述方法，建立的有限元模型如图 2.17 所示，对不同搭设参数下的无剪刀撑扣件式钢管模板支撑体系进行了考虑初始缺陷的非线性有限元分析，单根立杆的稳定承载力计算结果如表 2.2 所示。

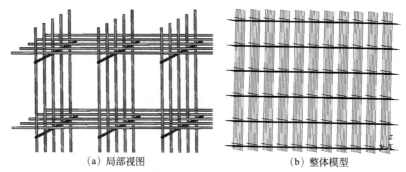

(a) 局部视图 　　　　　　　　　　(b) 整体模型

图 2.17　考虑扣件偏心时模板支撑体系的有限元模型

表 2.2　不同搭设参数下无剪刀撑扣件式钢管模板支撑体系承载力

编号	步距 h/m	立杆间距 $S_1 \times S_2$/m	不考虑扣件偏心 P_{FEA}/kN	考虑扣件偏心 P_{FEA1}/kN	Diff/%
1		1.2×1.2 高宽比<1.45	17.25	16.84	−2.38
2		1.0×1.0 高宽比<1.45	18.21	17.02	−6.53
3		0.9×0.9 高宽比=1.45	19.64	19.56	−0.41
4	1.8	0.9×0.6 高宽比=1.45	21.02	20.92	−0.48
5		0.6×0.6 高宽比=2.7	18.52	18.30	−1.19
6		0.4×0.4 高宽比=3	17.38	16.13	−7.19
7		0.4×0.4 高宽比=4	15.82	15.26	−3.54
8		1.2×1.2 高宽比<1.45	18.32	17.58	−4.04
9		1.0×1.0 高宽比<1.45	21.30	21.28	−0.09
10		0.9×0.9 高宽比=1.45	22.17	21.80	−1.67
11	1.5	0.9×0.6 高宽比=1.45	22.24	21.95	−1.30
12		0.6×0.6 高宽比=2.7	18.89	18.49	−2.12
13		0.4×0.4 高宽比=3	18.47	18.03	−2.38
14		0.4×0.4 高宽比=4	16.00	15.63	−2.31
15		1.2×1.2 高宽比<1.45	21.51	20.87	−2.98
16		1.0×1.0 高宽比<1.45	22.35	21.57	−3.49
17		0.9×0.9 高宽比=1.45	23.18	22.29	−3.84
18	1.2	0.9×0.6 高宽比=1.45	24.25	23.54	−2.93
19		0.6×0.6 高宽比=2.7	20.08	19.22	−4.28
20		0.4×0.4 高宽比=3	18.69	18.58	−0.59
21		0.4×0.4 高宽比=4	17.81	16.97	−4.72
22		1.2×1.2 高宽比<1.45	21.46	21.29	−0.79
23		1.0×1.0 高宽比<1.45	22.08	21.39	−3.12
24		0.9×0.9 高宽比=1.45	25.23	23.10	−8.44
25	0.9	0.9×0.6 高宽比=1.45	27.07	24.86	−8.16
26		0.6×0.6 高宽比=2.7	21.13	20.26	−4.12
27		0.4×0.4 高宽比=3	19.88	18.98	−4.53
28		0.4×0.4 高宽比=4	18.69	18.23	−2.46

编号	步距 h/m	立杆间距 $S_1 \times S_2/m$	不考虑扣件偏心 P_{FEA}/kN	考虑扣件偏心 P_{FEA1}/kN	Diff/%
29		1.2×1.2 高宽比<1.45	22.65	21.31	−5.92
30		1.0×1.0 高宽比<1.45	23.18	22.08	−4.75
31		0.9×0.9 高宽比=1.45	25.32	24.38	−3.71
32	0.6	0.9×0.6 高宽比=1.45	28.98	25.77	−11.08
33		0.6×0.6 高宽比=2.7	22.89	22.27	−2.71
34		0.4×0.4 高宽比=3	20.61	19.41	−5.82
35		0.4×0.4 高宽比=4	19.00	18.55	−2.37

注：1. 表中 P_{FEA} 和 P_{FEA1} 均为单根立杆的稳定承载力。

2. $\mathrm{Diff} = \dfrac{P_{FEA1} - P_{FEA}}{P_{FEA}} \times 100$。

从表 2.2 中可以看出，考虑直角扣件偏心影响时，计算所得单根立杆的稳定承载力比不考虑直角扣件偏心影响时要低，说明了忽略"扣件偏心"这一因素是偏于不安全的。但是，就单根立杆的承载力来看，两者之间的数值相差不是很多。

然而，考虑到在实际工程应用中，此类模板支撑体系通常用于荷载较大的混凝土构件浇注施工中，如大跨度空间结构或连续箱梁桥施工，这将使得模板支撑体系的搭设面积大，搭设高度高，立杆数量非常多。如果对于每根立杆的承载力计算都存在这种忽略"扣件偏心"而导致的承载力下降，那么，模板支撑体系的整体稳定性将无法保证，很可能由于对"扣件偏心"这一影响因素的忽视，而引发体系的倒塌事故，造成人员伤亡。

因此，建议在今后的支撑体系的设计和计算中，应当考虑"扣件偏心"这一不利因素的影响。选取表 2.2 中编号 26 的模板支撑体系搭设参数，采用不同计算模型得到的失稳模式如图 2.18 所示。

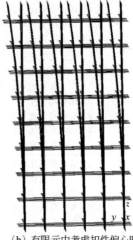

（a）有限元中不考虑扣件偏心时　　　　（b）有限元中考虑扣件偏心时

图 2.18　采用不同计算模型得到的无剪刀撑模板支撑体系失稳破坏模式

2.2.1.2　对有剪刀撑的模板支撑体系承载性能影响研究

纵、横向水平杆和立杆以及各杆件之间连接方式的建立过程与无剪刀撑时的模板支撑体系模型一致。对于剪刀撑斜杆，由于只考虑其作为增强支撑体系整体刚度的一种措施，而不考虑杆件自身的受力性能。因此，采用 LINK180 单元进行模拟。

考虑如图 2.13 中所示的由于采用旋转扣件连接而导致的"偏心"，根据剪刀撑的设置位置，在旋转扣件连接处，如图 2.19 所示，将立杆上的节点 N_{VLi} 沿 z 轴（立杆延伸方向）偏移 150 mm，建立节点 N_{VJi}，根据由旋转扣件连接的剪刀撑杆件所处的平面位置不同，将节点 N_{VJi} 沿 x 轴（当剪刀撑杆件设置在 yz 平面内时）或 y 轴（当剪刀撑杆件设置在 xz 平面内时）偏移 53 mm，建立剪刀撑上的单元节点 N_{Ji}。参考文献 [15] 中对旋转扣件抗滑移性能的试验结果，在剪刀撑上的单元节点 N_{Ji} 与立杆上的节点 N_{VJi} 之间设置沿 z 方向的线性弹簧单元 COMBIN14 以约束两者之间的滑移，弹簧的刚度系数取为 1410 N/mm，其余方向上的平动自由度采用耦合约束。

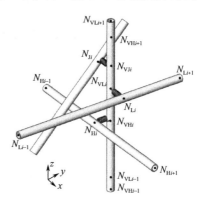

图 2.19　考虑扣件偏心时有限元分析中剪刀撑节点的建立方式

对于有剪刀撑的模板支撑体系，从之前的研究成果中可以看出，剪刀撑设置方式的不同对其整体承载力有很大影响。为了将"扣件偏心"这一影响因素的作用效果单独显现出来，此处仅按照课题组实际搭设的设置了竖向剪刀撑的模板支撑体系原型试验中的搭设方式（如图 2.20 所示），对其进行是否考虑扣件偏心的有限元分析，并将得到的计算结果与试验结果进行比较，以便找出"扣件偏心"对此类体系承载力的影响程度。

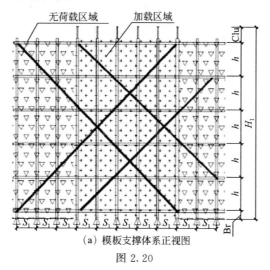

（a）模板支撑体系正视图

图 2.20

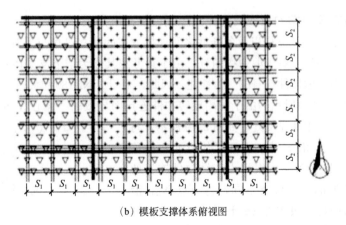

（b）模板支撑体系俯视图

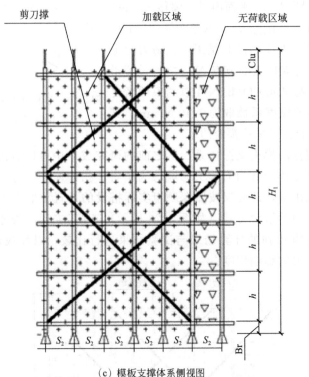

（c）模板支撑体系侧视图

图 2.20　有竖向剪刀撑的模板支撑体系原型试验搭设方式示意图

　　按照前述的是否考虑"扣件偏心"的两种建模方式，分别建立有限元模型，如图 2.21、图 2.22 所示，并对上述搭设参数下的有竖向剪刀撑模板支撑体系进行了考虑初始缺陷及材料非线性的有限元分析，计算结果如表 2.3 所示。

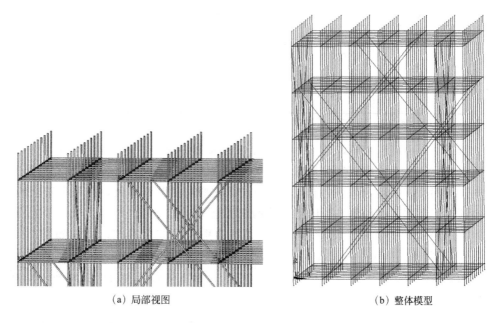

（a）局部视图   （b）整体模型

图 2.21 不考虑扣件偏心时模板支撑体系的有限元模型

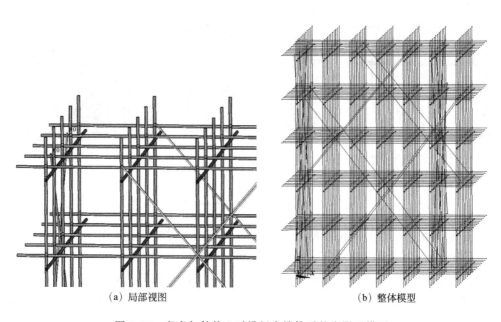

（a）局部视图   （b）整体模型

图 2.22 考虑扣件偏心时模板支撑体系的有限元模型

表 2.3　采用不同计算模型得到的有竖向剪刀撑模板支撑体系承载力结果之间的比较

步距 h/m	立杆间距 $S_1 \times S_2$/m	架高 H_1/m	剪刀撑	扫地杆 Br/m	立杆伸出顶层水平杆长度 Clu/m	加载区/跨	P_{test}/kN	不考虑扣件偏心 P_{FEA}/kN	考虑扣件偏心 P_{FEA1}/kN
1.5	0.9×0.9	8.15	竖向	0.2	0.50	5×5	28.38	28.53	27.64

注：表中 P_{FEA} 和 P_{FEA1} 均为单根立杆的稳定承载力。

从表 2.3 中可以看出，若不考虑扣件偏心因素的影响，单根立杆的稳定承载力有限元计算结果比原型试验结果高，是偏于不安全的；若考虑扣件偏心因素的影响，单根立杆的稳定承载力有限元计算结果比原型试验结果低，是偏于安全的。再次证明了考虑"扣件偏心"因素影响的现实意义。

采用上述不同计算模型得到的模板支撑体系失稳破坏模式，分别如图 2.23 (a)、(b) 所示。从图中可以看出，有竖向剪刀撑的模板支撑体系失稳时，均发生局部大波鼓曲破坏，其波长与剪刀撑设置方式、位置有关，这与试验中所观察到的现象［如图 2.23(c) 所示］相符合。

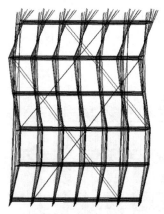

(a) 有限元中不考虑扣件偏心时有竖向剪刀撑模板支撑体系失稳破坏模式　　(b) 有限元中考虑扣件偏心时有竖向剪刀撑模板支撑体系失稳破坏模式　　(c) 原型试验失稳照片

图 2.23　采用不同计算模型得到的有竖向剪刀撑模板支撑体系失稳破坏模式

但是，从两张图的对比中可以发现，采用不同的模型建立方式，两者发生失稳破坏时的屈曲形状略有不同：考虑扣件偏心影响后，模板支撑体系失稳时，处于同一平面内的各根杆件，屈曲变形形态有所区别，从侧面上看，由立杆构成的平面除了产生弯曲变形外，还出现了扭转变形，支撑体系中各杆件的受力情况较前者更为复杂。因此，在实际工程中，为了避免立杆处于这种更为不利的受力状态，应当采取设置加强水平向剪刀撑的方式保证整体支撑体系的安全。

2.2.2 体系顶部局部偏心荷载及扣件破坏对承载性能影响的 试验研究

施工过程中，经常出现在模板支撑体系顶部设置布料机、局部堆放较多施工材料、预制构件等现象（本章中统称为局部荷载），有时局部荷载作用区域距离架体重心还有较大的偏心距。同时，实际工程使用中的扣件质量低下，其拧紧力矩达不到要求，以及由于经过多次反复周转使用导致其承载能力下降的现象非常普遍。

因此，在整个建筑结构施工中，模板支撑体系的工作期限长，所受荷载形式复杂且具有较强的随机性，在此过程中，很可能会出现部分扣件发生松脱、滑移、断裂或者螺栓变形、拉断等情况（即扣件失效的现象），进而引发整个模板支撑体系坍塌。

综上所述，研究体系在顶部受局部偏心荷载作用以及部分扣件发生失效情况下的承载性能非常必要。

2.2.2.1 试验方案

试验中，在模板支撑体系顶部荷载的施加方式上，分别采用了架体顶部全部区域内均匀施加荷载（简称全载）及局部区域内均匀施加荷载（简称偏载）两种不同方式。采用 4 个液压千斤顶（偏载时为 2 个）、反力架、两道分配梁组合的方式，将千斤顶施加的集中荷载均匀地传递到模板支撑体系顶部指定的加载区域内。

第一道分配梁由两根 4m 长、经过加工所形成的 H 型钢组成。第二道分配梁由 18 根 9m 长的 20a 工字钢组成。原型试验加载装置如图 2.24 所示。

同时，对于扣件松动甚至破坏失效的不利情况，通过以下方式考察：在试验中，人为地随机选取了 20％的直角扣件（用粘贴彩色胶带的方式做好标记），完全松开扣件的螺栓，使之处于失效状态，如图 2.25 所示，研究其对支撑体系承载性能的影响；此外，还通过逐步、有序地拆除剪刀撑的方式，研究了在连接剪刀撑的旋转扣件松动、破坏，进而导致剪刀撑失效的情况下，模板支撑体系的整体承载性能。

（a）全载时的加载装置布置

（b）偏载时的加载装置布置

图 2.24

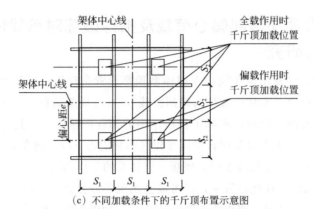

（c）不同加载条件下的千斤顶布置示意图

图 2.24　原型试验加载装置图

图 2.25　直角扣件失效标记

9 个模板支撑体系试验模型的搭设参数及相应的顶部荷载施加方式如表 2.4 所示，试验模型中，剪刀撑的布置如图 2.26 所示。

表 2.4　试验模型的搭设参数及荷载条件

编号	步距 h/m	立杆间距 $S_1 \times S_2$/m	高宽比	架高 /m	扫地杆 /m	剪刀撑	顶部荷载	扣件完整性
1						竖向（四周）＋水平（顶层、中间层、底层）	全载	全部完好
2							全载	20%失效
3							偏载	全部完好
4							偏载	20%失效
5	1.8	1.3×1.3	2	8.00	0.3	水平剪刀撑失效	全载	全部完好
6							全载	20%失效
7							偏载	全部完好
8							偏载	20%失效
9						全部剪刀撑失效	全载	全部完好

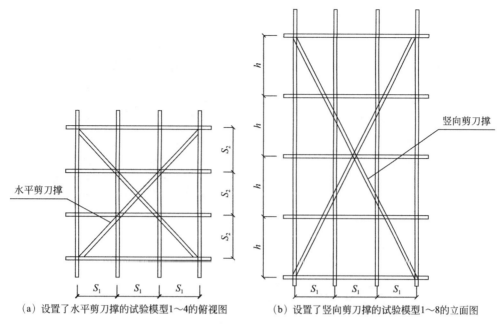

水平剪刀撑

竖向剪刀撑

（a）设置了水平剪刀撑的试验模型1～4的俯视图　　（b）设置了竖向剪刀撑的试验模型1～8的立面图

图 2.26　模板支撑体系试验模型中剪刀撑布置示意图

2.2.2.2　加载制度

试验过程中分多个荷载步对模板支撑体系试验模型进行加载，每一级荷载为 20kN，持续 3min。待接近模型的预期稳定承载力时，每级荷载增量减为 2kN，每级持荷时间延长，等待应变和位移不再发展时，进入下一个荷载步，直至体系中立杆位移不断增加但千斤顶出现卸载的情况时停止加载，即认为模型发生整体失稳。

2.2.2.3　试验现象

在试验过程中可以发现：

① 所有剪刀撑及扣件完好时，在顶部受到全载作用的情况下，模型发生整体失稳时，模板支撑体系的各立杆均出现沿刚度较弱方向的呈 S 形状的大波变形，波长为 2 倍步距，S 形状曲线的反弯点出现在设置水平剪刀撑的中间层，立杆在反弯点上部的侧向变形较大，下部变形较小，如图 2.27 所示。

② 在随机选取的 20% 直角扣件失效后，顶部受到全载作用的情况下，模型发生整体失稳时，支撑体系的立杆在失效的扣件处发生侧向位移，并且仍出现沿刚度较弱方向的呈 S 形状的大波变形，但与之前扣件完好时相比，波长变大，如图 2.28 所示。

③ 支撑体系顶部受到偏载作用的情况下，处于千斤顶正下方的水平杆的竖向变形非常明显，如图 2.29 所示。千斤顶附近的立杆顶部侧向位移很大，如图 2.30 所示（$e_3 > e_4$），整体上呈大波鼓曲形式的失稳，从上往下看，模板支撑体系整体出现逆时针扭转现象，并且，当 20% 直角扣件失效后，此扭转现象更加明显。

图 2.27　编号 1 的试验模型
发生失稳时的照片

图 2.28　编号 2 的试验模型
发生失稳时的照片

图 2.29　顶层水平杆弯曲

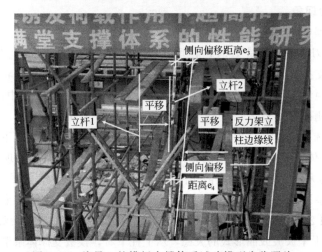

图 2.30　编号 7 的模板支撑体系试验模型失稳照片

④ 当水平剪刀撑失效后（即模拟连接水平剪刀撑的扣件发生失效的实际工况，此处，在模型中采用不设置水平剪刀撑的方式进行模拟），扣件完好时，顶部受到全载作用的情况下，模型发生整体失稳时，模板支撑体系的各立杆均出现沿刚度较弱方向的呈 S 形状的大波变形，波长基本为 2 倍步距；顶部受到偏载作用的情况下，模板支撑体系整体扭转变形较全载情况下更加严重。在随机选取的 20% 直角扣件失效后，模型失稳时，在顶层角部立杆与竖向剪刀撑连接处的直角扣件突然发生崩裂破坏（如图 2.31 所示），进而使与之连接的一根竖向剪刀撑失效。

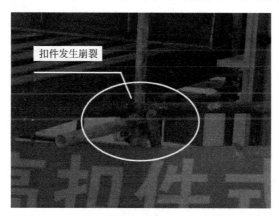

扣件发生崩裂

图 2.31　试验过程中扣件发生崩裂破坏

⑤ 当所有剪刀撑均失效后（即模拟连接水平、竖向剪刀撑的扣件发生失效的实际工况，此处，在模型中采用不设置水平、竖向剪刀撑的方式进行模拟），扣件完好时，顶部受到全载作用的情况下，模型发生整体失稳时，体系中的各立杆均出现沿刚度较弱方向的整体大波鼓曲变形，如图 2.32 所示。

图 2.32　编号 9 的模板支撑体系试验模型失稳照片

2.2.2.4　试验结果

9 组模板支撑体系试验模型的承载力如表 2.5 所示。

表 2.5　9 组模板支撑体系原型试验模型搭设参数及试验结果

编号	步距 h/m	立杆间距 $S_1 \times S_2$/m	高宽比	架高 /m	扫地杆 /m	剪刀撑	顶部 荷载	扣件 完整性	试验 承载力 P_{test}/kN
1						竖向（四周）＋ 水平（顶层、中 间层、底层）	全载	全部完好	25.83
2							全载	20%失效	20.83
3							偏载	全部完好	18.33
4							偏载	20%失效	11.70
5	1.8	1.3×1.3	2	8.00	0.3	水平剪刀撑失效	全载	全部完好	18.30
6							全载	20%失效	15.85
7							偏载	全部完好	16.08
8							偏载	20%失效	11.45
9						全部剪刀撑失效	全载	全部完好	8.58

注：表中 P_{test} 为单根立杆的稳定承载力。

2.2.2.5　试验结果分析

（1）体系顶部局部偏心荷载的影响

为了研究局部偏心荷载对体系承载性能的影响，将前述试验结果重新分类、整理，如表 2.6 所示，便于对比分析。

表 2.6　模板支撑体系顶部局部偏心荷载对其承载性能的影响分析

顶部荷载 施加方式	水平、竖向剪刀撑均有效		水平剪刀撑失效		水平、竖向剪刀撑均失效	
	扣件完好	20%扣件失效	扣件完好	20%扣件失效	扣件完好	20%扣件失效
P_{test_load1}	25.83	20.83	18.30	15.85	8.58	—
P_{test_load2}	18.33	11.70	16.08	11.45	—	—
Diff1/%	−29.04	−43.83	−12.13	−27.76	—	—

注：1. 表中 $P_{test\_load i}$，$i = 1,2$ 均为单根立杆的稳定承载力，单位 kN；load1 表示顶部荷载施加方式为全载，load2 表示顶部荷载施加方式为偏载。

2. 表中 $\mathrm{Diff1} = \dfrac{P_{test\_load2} - P_{test\_load1}}{P_{test\_load1}} \times 100$。

从表 2.6 中可以看出，在所有剪刀撑均有效且扣件全部完好的情况下，模板支撑体系顶部受到偏心荷载作用时（本次试验中顶部荷载的偏心距为支撑体系宽度的 1/4），其承载力比受到全载作用时降低了 29.04%，而若有 20% 的扣件发生失效，其承载力将降低 43.83%。

在水平剪刀撑失效且全部扣件完好的情况下，当模板支撑体系顶部受到偏心荷载作用，其承载力比受到全载作用时降低 12.13%。当有 20% 的扣件发生失效，其承载力将降低 27.76%。对于此种不利工况，从试验模型 3 中观察到的现象，如

图 2.33 所示，将顶层横向水平杆两端的侧向位移分别用 e_1 和 e_2 进行标记，可以看出，$e_2 > e_1$，整个体系中的大部分杆件产生了扭转，进而导致支撑体系发生整体失稳。

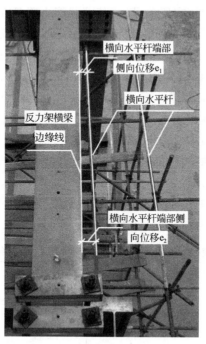

图 2.33 水平剪刀撑及扣件均发生失效且顶部受到偏载作用时模板支撑体系的失稳情况

因此，在实际工程中，应该尽量使得模板支撑体系顶部荷载施加均匀，避免架体顶部局部堆放较大施工设备及过多的建筑材料、预制构件等且局部集中荷载偏心距过大的不利情况发生，对有局部堆载的区域杆件应进行加固，并对其稳定性进行详细分析。

（2）直角扣件破坏的影响

为了研究部分直角扣件发生破坏后对体系承载性能的影响，将前述试验结果重新分类、整理，如表 2.7 所示，便于对比分析。

表 2.7 模板支撑体系直角扣件破坏对其承载性能的影响分析

顶部荷载施加方式	水平、竖向剪刀撑均有效		水平剪刀撑失效		水平、竖向剪刀撑均失效	
	全载	偏载	全载	偏载	全载	偏载
P_{test_c1}	25.83	18.33	18.30	16.08	8.58	—
P_{test_c2}	20.83	11.70	15.83	11.45	—	—
Diff1/%	−19.36	−36.17	−13.50	−28.79	—	—

注：1. 表中 P_{test_ci}，$i=1$，2 均为单根立杆的稳定承载力，单位 kN；c1 表示全部直角扣件完好；c2 表示 20% 的直角扣件发生失效。

2. 表中 $Diff1 = \dfrac{P_{test\_c2} - P_{test\_c1}}{P_{test\_c1}} \times 100$。

从表 2.7 中可以看出，在所有剪刀撑均保持有效且模板支撑体系顶部受到全载作用时，若部分扣件发生了失效（本次试验只是随机性选取 20％的直角扣件，其他情况下降低的幅度应该有所差异），其承载能力降低 19.36％，而在顶部受到偏载这种更为不利的荷载作用工况下，其承载力降低的幅度达到 36.17％。

在水平剪刀撑出现失效且架体顶部受到全载作用时，其承载能力降低 13.50％，而在顶部受到偏载作用下，其承载力降低的幅度达到 28.79％。因此，对于超高扣件式钢管模板支撑体系，扣件经多次周转使用，部分存在严重磨损、锈蚀的情况，在较长的施工期内，对于部分扣件螺栓松动、脱开的情况应当给予足够重视，定期对扣件检查、更换。避免出现由于扣件失效使得部分立杆的计算长度增加，发生局部屈曲破坏，进而导致整个架体倒塌的安全事故。

（3）剪刀撑失效的影响

为了研究部分旋转扣件发生破坏即剪刀撑失效时，体系承载性能的变化规律，将前述试验结果重新分类、整理，如表 2.8 所示，便于对比分析。

表 2.8 模板支撑体系中剪刀撑对其承载性能的影响性分析

剪刀撑有效性	全载		偏载	
	扣件完好	20％扣件失效	扣件完好	20％扣件失效
水平、竖向剪刀撑均有效 P_{test_y}	25.83	20.83	18.33	11.70
水平剪刀撑失效 P_{test_s}	18.30	15.85	16.08	11.45
Diff1/％	−29.15	−23.91	−12.28	−2.14
水平、竖向剪刀撑均失效 P_{test_w}	8.58	—	—	—
Diff2/％	−66.78			
Diff3/％	−53.12			

注：1. 表中 P_{test_y}，P_{test_s}，P_{test_w} 均为通过原型试验得到的单根立杆稳定承载力，单位 kN；其中，test_y 表示竖向、水平剪刀撑均完好的条件；test_s 表示水平剪刀撑发生失效的条件；test_w 表示水平、竖向剪刀撑均发生失效的条件。

2. 表中 $Diff1 = \dfrac{P_{test\_s} - P_{test\_y}}{P_{test\_y}} \times 100$；$Diff2 = \dfrac{P_{test\_w} - P_{test\_y}}{P_{test\_y}} \times 100$；$Diff3 = \dfrac{P_{test\_w} - P_{test\_s}}{P_{test\_s}} \times 100$。

从表 2.8 中可以看出，无论模板支撑体系顶部荷载的施加方式如何，剪刀撑一旦失效，体系的承载力都将有不同程度的降低。顶部全载并且扣件完好的情况下，水平剪刀撑失效，其承载力降低 29.15％。而在随机选取了 20％的直角扣件并使之失效的情况下，其承载力降低 23.91％。

顶部偏载并且扣件完好的情况下，水平剪刀撑失效，其承载力降低 12.28％，而在随机选取了 20％的直角扣件并使之失效的情况下，其承载力降低 2.14％。

考虑到试验过程的安全性，在水平、竖向剪刀撑均失效的工况下，仅进行了顶部全载，并保持所有扣件完好的一组模板支撑体系承载性能的原型试验，从中可以发现，与所有剪刀撑均完好的工况相比，其承载力降低 66.78％，与仅水平剪刀撑失效的工况相比，其承载力降低 53.12%。以上试验结果可以说明，合理地设置剪刀撑，并使其在模板支撑体系使用的整个过程中保持有效性（即保持连接剪刀撑的扣件的有效性），是非常重要的。在实际工程中，应当定期检查连接剪刀撑的各扣件螺栓的拧紧程度以及扣件的完好性，以保证支撑体系在使用期间的安全性。

2.3　水平冲击荷载作用下高大模板支撑体系动力性能

高大模板支撑体系在上部受到动力荷载如输送混凝土的泵管水平冲力、混凝土振捣器的震动力（统称诱发荷载）的瞬间作用下，将会使得结构体系中部分立杆压力加重、侧向位移增加以及承压能力削弱，从而导致部分扣件发生松脱、滑移、断裂甚至失效，局部立杆首先失稳，进而引发整个模板支撑体系架坍塌。工程上有许多模板支撑体系的倒塌都是由于对这种瞬间作用力的破坏估计不足而引起的。

本节考虑建筑结构中高大模板支撑体系在混凝土浇筑期受到的诱发荷载作用以及部分扣件在使用过程中发生破坏、失效的不利实际情况，对支撑体系在冲击荷载作用下的动力性能进行了有限元分析及原型试验，得到了在不同混凝土浇筑时段体系的动力响应，找出了混凝土浇筑量的变化以及扣件的失效对体系受力状态的影响规律。

2.3.1　高大模板支撑体系冲击荷载试验方案

2.3.1.1　模型搭设及测点布置

为了得到高大模板支撑体系在冲击荷载作用下的动力性能，拟搭设一组高度超过 8m 的扣件式钢管模板支撑体系试验模型。

所搭设的模型横向 8 跨，纵向 5 跨，立杆的纵、横向间距均为 1.2m。试验中，拟采用吊装砝码的方式模拟混凝土浇筑的过程。因此，需要在支撑体系正中间的两跨区域内立杆上部铺设 U 形钢模板槽，相应地，在模板底部增设两列立杆，使得此区域内的立杆横向、纵向间距变为 0.6m，立杆顶端伸出顶层水平杆长度为 0.3m。最底部 3 层立杆步距为 1.5m，底模板以上 3 层立杆步距变为 1m，在每根立杆底部均设置可调底座。此外，沿支撑体系横向、纵向分别布置四道剪刀撑，模型搭设示意图如图 2.34(a)～(d) 所示。由于所搭设模型及所施加的荷载均具有对称性，因此，试验中，在靠近加载区域的第四层立杆段（紧靠底模板的位置）上共布置了 20 个测点，如图 2.35 所示。

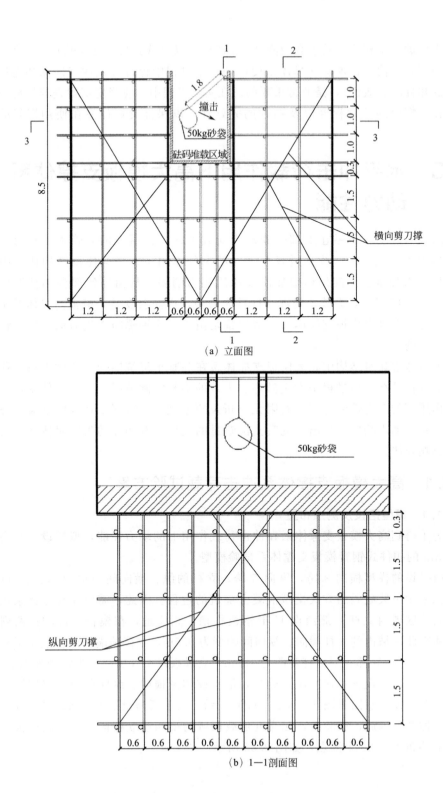

（a）立面图

（b）1—1剖面图

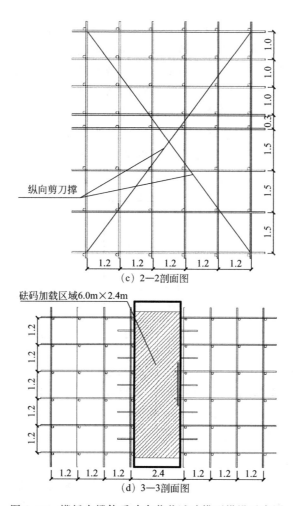

（c）2—2剖面图

（d）3—3剖面图

图 2.34　模板支撑体系冲击荷载试验模型搭设示意图

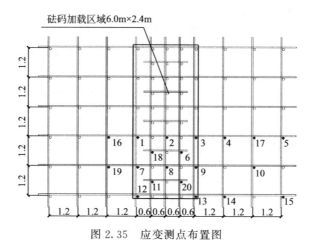

图 2.35　应变测点布置图

考虑到在实际施工中，模板支撑体系顶部受到动力荷载的作用，可能会导致体系中部分扣件发生松脱、滑移、断裂甚至失效的情况，试验开始前，在支撑体系底部 4 层步距（共 5 层节点）且靠近冲击荷载及砝码堆载的区域内随机找出了 5% 的立杆主节点，对主节点上连接不同方向水平杆的直角扣件分别用两种不同颜色的胶带进行标记，所选取的主节点位置如图 2.36 所示，在后续的试验过程中将分别考察当所选取的 5% 主节点中分别有一半扣件失效（即 2.5% 节点失效）、全部扣件均失效两种情况下，模板支撑体系的动力响应变化规律。

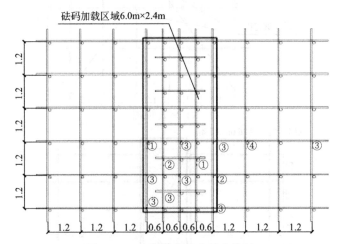

图 2.36　选取的失效主节点位置

注：图中圆圈内的数字表示选取的节点所在的层数。

2.3.1.2　加载制度

将混凝土浇筑过程分为 3 个阶段，每个阶段的混凝土浇筑重量分别为 2t、4t 和 6t。将试验室现有的标准砝码吊装到 U 形模板槽内以完成上述各阶段混凝土的浇筑量的模拟，砝码规格有 15kg、20kg 和 30kg 三种。

完成相应每个阶段的混凝土荷载施加后，随即采用 50kg 的砂袋对支撑体系顶部侧模板进行冲击荷载作用 10 次，每两次冲击荷载之间的时间间隔为 7s。在此过程中，利用东华 DH3817 多测点动静态应变测试系统对支撑体系立杆中的应变进行实时采集，信号的采集频率设为 100Hz，采样的零时刻为下部支撑体系和模板搭设完成、上部所加砝码质量（混凝土浇筑量）为 0 的时刻。

2.3.2　高大模板支撑体系受冲击荷载作用下的有限元分析

在进行模板支撑体系冲击荷载试验之前，参考上述拟定的试验方案，利用有限元软件，预先进行了体系在冲击荷载作用下动力响应分析。对于模板支撑体系有限元模型的建立，参考 2.2.1.1 节中所述的不考虑扣件偏心的方式。

2.3.2.1 有限元中的加载制度

对于上部混凝土浇筑过程的模拟，共分为四个阶段：第一阶段为混凝土浇筑前的空载阶段，以后每个阶段的混凝土浇筑体积为 2m×3.6m×0.2m，因此，第二、第三、第四阶段中上部混凝土的总浇筑质量分别为 3.6t、7.2t 和 10.8t。利用 ABAQUS 中单元的钝化和激活技术对整个混凝土浇筑过程进行控制。

对照着试验方案中冲击荷载的施加位置，在有限元模型中顶部第 2 层立杆侧面内建立一个参考点，在此参考点上施加周期性的冲击荷载。所施加冲击荷载的数值计算如下：

由能量守恒定律可知：

$$mgh = \frac{1}{2}mv^2 \tag{2.2}$$

$$v = \sqrt{2gh} \tag{2.3}$$

由动量定理可知：

$$Ft = mv \tag{2.4}$$

式中，m 为试验中的砂袋质量 50kg；g 为重力加速度 9.8m/s²；h 为砂袋的吊起高度 1.8m；由公式（2.3）计算得到的砂袋冲击速度 v 为 6m/s；t 为砂袋对侧模板的冲击时间，此处偏于保守地将其取为 0.05s。

将以上数值代入公式（2.4），计算得到试验方案中砂袋对模板支撑体系所施加的冲击荷载 $F=6$kN。在有限元分析中施加的冲击荷载脉冲形式如图 2.37 所示。

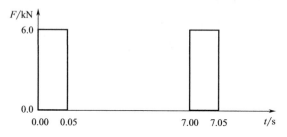

图 2.37 有限元分析中施加的脉冲荷载

2.3.2.2 有限元计算结果分析

（1）剪刀撑受力情况分析

按照图 2.34 中试验模型的搭设参数，建立的相应有限元计算模型，如图 2.38 所示。

对此数值模型，计算其在混凝土浇筑的四个阶段中受到如图 2.37 所示的冲击荷载作用下的动力响应。由于输出的计算结果较多，编制了相应的后处理脚本程序，将每一帧的单元的最大主应力计算结果进行读取，找出了此种搭设参数下的模板支撑体系各剪刀撑节点（即旋转扣件连接处），在整个混凝土浇筑过程中最不利受力情况出现的先后顺序，由此便得到了试验方案中各组剪刀撑最有可能出现破坏（即旋转扣件发生失效）的顺序，为后续的混凝土浇筑期模板支撑体系可靠度分析提供参考数据。

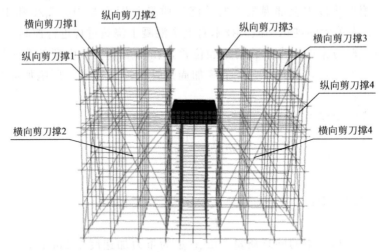

图 2.38 建立的模板支撑体系有限元计算模型图

由于模型具有对称性，因此只需要对沿冲击荷载撞击方向上的各组剪刀撑进行分析即可，所得到的结果如表 2.9 所示。实际混凝土浇筑过程中，当冲击荷载反向时，另一方向上的剪刀撑可能破坏顺序与此种情况下对称。

表 2.9 剪刀撑可能破坏顺序

破坏顺序	剪刀撑编号	出现最大内力的混凝土浇筑阶段	节点最大主应力/MPa
1	横向剪刀撑 3	混凝土浇筑量 7.2t	7.06
2	横向剪刀撑 4	混凝土浇筑量 7.2t	6.49
3	纵向剪刀撑 3	混凝土浇筑量 10.8t	3.45
4	纵向剪刀撑 4	混凝土浇筑量 3.6t	2.68

从表 2.9 中可以看出，在混凝土浇筑过程中，在冲击荷载作用下，沿着冲击荷载作用方向上设置的横向剪刀撑 3、4 所起到的支撑作用较为显著。一旦连接此两组横向剪刀撑的旋转扣件螺栓受施工中各种复杂形式诱发荷载的长期作用而发生松脱，将使得旋转扣件失效，进而导致剪刀撑作用减弱甚至丧失。若此情况发生，则距离冲击荷载作用位置最近的一组纵向剪刀撑 3 内力将增加，而设置在最外围的纵向剪刀撑 4 起到的支撑作用最小。

由以上分析可知，在实际工程中，除了要在模板支撑体系最外层四周设置纵、横向剪刀撑并使之成为封闭的整体，还要加强在架体内部设置一定数量纵向剪刀撑的构造要求，将其视为抵抗施工中各种诱发荷载作用下的第二道防线。横向剪刀撑4出现内力最大值时的架体结构变形如图2.39所示。

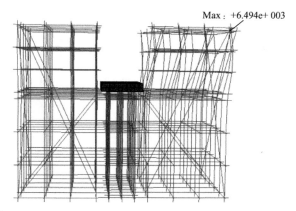

图 2.39　横向剪刀撑 4 出现内力最大值时的架体结构变形图

（2）模板支撑体系自振频率分析

按照前述得到的剪刀撑可能的破坏顺序，依次拆除各组剪刀撑，建立各种不同搭设情况下的模板支撑体系模型，并计算每种搭设参数下的模型在混凝土四个浇筑阶段内的前三阶自振频率，计算结果如表2.10所示，模型3在混凝土浇筑第三阶段内的前三阶振型如图2.40所示。

表 2.10　混凝土浇筑过程中不同搭设参数下模板支撑体系的前三阶自振频率

模型序号	剪刀撑情况	混凝土浇筑阶段											
		空载阶段			混凝土浇筑量 3.6t			混凝土浇筑量 7.2t			混凝土浇筑量 10.8t		
		1	2	3	1	2	3	1	2	3	1	2	3
1	所有剪刀撑完好	10.11	12.29	17.09	7.52	12.33	16.00	5.98	12.17	13.88	5.09	11.98	12.10
2	拆除横向剪刀撑 3、4	9.40	9.97	11.80	7.46	9.36	11.49	5.94	9.07	11.23	5.05	8.60	10.94
3	拆除横向剪刀撑 1、2	3.65	8.08	9.86	2.71	6.72	8.87	2.24	5.55	8.04	1.95	4.77	7.49
4	拆除纵向剪刀撑 3	3.67	7.00	8.34	2.72	4.63	7.82	2.25	3.66	7.36	1.96	3.11	6.94
5	拆除纵向剪刀撑 2	3.70	6.38	8.27	2.73	4.26	7.79	2.25	3.38	7.33	1.96	2.89	6.91
6	拆除纵向剪刀撑 4	3.72	3.88	7.15	2.73	2.99	5.96	2.25	2.48	5.46	1.96	2.16	5.12
7	拆除纵向剪刀撑 1（无剪刀撑）	3.75	3.76	3.89	2.74	2.76	3.64	2.26	2.27	3.49	1.96	1.97	3.35

注：表中自振频率的单位为 Hz。

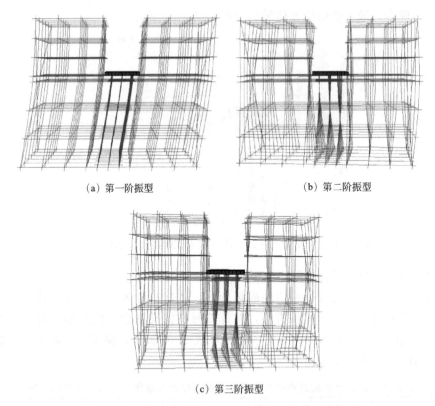

(a) 第一阶振型 　　　　　　　　　　(b) 第二阶振型

(c) 第三阶振型

图 2.40　混凝土浇筑量为 3.6t 时模型 3 的前三阶振型

从表 2.10 中模型 2 和模型 3 自振频率计算结果的对比中可以看出，拆除所有的横向剪刀撑以后，模板支撑体系的自振频率有很大程度的下降。可见，横向剪刀撑在整个混凝土浇筑期间内的工作状态是否良好对体系的动力特性有显著影响。

此外，从模型 4～6 的相互对比中可以看出，纵向剪刀撑对支撑体系的动力特性影响较小。但是，随着整个架体结构中各组剪刀撑的逐步拆除（即旋转扣件逐一失效，剪刀撑逐步破坏），模板支撑体系的自振频率将逐渐降低。

从混凝土浇筑量阶段上看，随着上部混凝土浇筑质量的增加，模板支撑体系的自振频率也将逐渐降低。同时，在现浇混凝土结构中，常用到的混凝土泵产生的荷载振动频率较低，多发荷载振动频率通常在 1～5Hz 之间。由此可知，混凝土浇筑期间，在上部诱发荷载的作用下，连接剪刀撑的旋转扣件有发生失效的可能。此外，在施工期内，下部支撑体系搭设好以后将搭设上部模板、绑钢筋、开始浇筑混凝土等工序，随着施工过程的推进，作用在体系上的质量逐步增加，以上都将导致支撑体系的自振频率下降，且越发接近混凝土泵的工作频率，由此将增加混凝土浇筑期间内模板支撑体系倒塌事故的发生概率。

（3）立杆节点受力情况分析

为了得到混凝土浇筑过程中冲击荷载作用下模板支撑体系立杆节点的应力情况，同样按照前述方法，依次拆除各组剪刀撑，建立不同搭设参数下的支撑体系模型，进行相应的冲击荷载作用下的结构动力响应分析，得到了每种搭设参数下的体系在不同浇筑阶段内动应力最大的杆件节点位置及其相应的最大主应力数值，结果如表 2.11 所示，立杆及节点所在层数的编号分别如图 2.41(a)、(b) 所示。

表 2.11　混凝土浇筑过程中模板支撑体系立杆节点最大主应力数值

模型序号	剪刀撑情况	混凝土浇筑阶段							
		空载阶段		混凝土浇筑量 3.6t		混凝土浇筑量 7.2t		混凝土浇筑量 10.8t	
		节点位置	最大主应力/MPa	节点位置	最大主应力/MPa	节点位置	最大主应力/MPa	节点位置	最大主应力/MPa
1	所有剪刀撑完好	30#7层	15.39	30#8层	14.90	19#7层	15.99	19#7层	16.26
2	拆除横向剪刀撑3、4	64#6层	−24.21	42#6层	−25.04	9#6层	−30.63	9#6层	−31.22
3	拆除横向剪刀撑1、2	64#7层	−27.03	65#7层	−29.68	9#7层	−30.88	65#7层	−31.95
4	拆除纵向剪刀撑3	65#7层	−28.62	65#7层	−30.78	65#7层	−31.57	65#7层	−32.09
5	拆除纵向剪刀撑2	65#7层	−29.65	65#7层	−31.78	65#7层	−32.58	65#7层	−33.09
6	拆除纵向剪刀撑4	64#6层	−29.85	9#6层	−31.89	9#6层	−32.63	9#6层	−33.93
7	拆除纵向剪刀撑1（无剪刀撑）	9#6层	−30.15	9#6层	−31.91	9#6层	−32.94	9#6层	−34.98

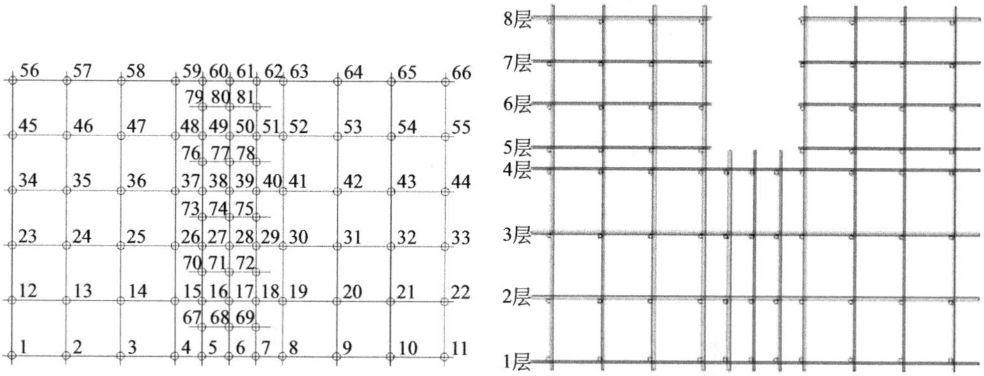

（a）立杆编号　　　　　　　　　（b）节点层数编号

图 2.41　立杆及节点层数编号示意图

从表 2.11 中可以看出，在每种搭设参数下，距离冲击荷载作用位置较近的立杆节点最大主应力随着混凝土浇筑量的增多而增加。在模型 1 中所有剪刀撑完好的情况下，节点的主应力显示为拉应力。当逐步拆除剪刀撑时，节点的主应力从拉应力转变为压应力，并且数值也在不断增加。

以上结果说明了在实际施工中，模板支撑体系在顶部冲击荷载作用下，立杆中的节点受力方向会发生变化，即扣件将可能处于反复拉、压的受力状态，这充分证明了扣件的螺栓在施工过程中可能发生松脱、断裂，进而导致扣件的连接失效。同时，在剪刀撑逐步破坏（即旋转扣件发生失效）的过程中，立杆上各节点的主应力将随之增加，进而也将增加立杆上主节点失效的概率。此外，在拆除剪刀撑的过程中，模板支撑体系整体刚度降低，冲击荷载的能量向外围扩散，节点最大主应力将出现在没有设置剪刀撑的9～64号和10～65号立杆平面内。实际施工中，应当注意在此区域内增加一定的构造措施。

2.3.3 高大模板支撑体系冲击荷载原型试验

2.3.3.1 试验装置及剪刀撑拆除顺序

虽然，在有限元分析中，每个阶段所施加的荷载大小与原型试验中制定的荷载制度不完全一样（由于受到试验室砝码规格的限制），但是上述的有限元分析结果依然可以为试验过程中剪刀撑的拆除过程控制提供有意义的参考。

为了保证试验过程的安全性，在有限元中计算得到剪刀撑可能破坏顺序的基础上，试验中采用较为相反的次序依次拆除试验模型中的各组剪刀撑，拆除顺序如图2.42所示，并全程对模板支撑体系测点动应变进行实时采集。试验中搭设的试验模型及顶部砝码吊装的现场照片分别如图2.43、图2.44所示，随机选取的可能失效5%立杆主节点处扣件的标记方式如图2.45所示。

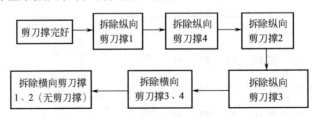

图2.42 原型试验中的剪刀撑拆除顺序

图2.43 模板支撑体系足尺试验模型

图 2.44 模板支撑体系顶部砝码加载　　图 2.45 失效 5% 立杆主节点处的扣件标记方式

2.3.3.2 试验结果分析

（1）混凝土浇筑量对模板支撑体系受力状态的影响

为了得到混凝土浇筑过程中模板支撑体系立杆受力状态的变化情况，采用在剪刀撑完好的情况下砝码逐级加载，按照图 2.42 中的顺序依次拆除各组剪刀撑，逐级卸载砝码的方式，分别得到了在立杆主节点均完好的情况下，有、无剪刀撑两种搭设模型各测点在不同荷载作用阶段的动应变时程曲线（当混凝土浇筑量为 6.0t 时，测点 3 的动应变时程曲线如图 2.46 所示），并计算出了相应的最大动轴力数值，结果如表 2.12 所示。当混凝土浇筑量为 6.0t 时，从表 2.12 中可以看出，在所有剪刀撑均完好的情况下，模板支撑体系整体刚度较大，受到冲击荷载作用时，能量无法充分扩散，杆件动轴力最大峰值就出现在直接承受冲击荷载作用的 3 号测点（30♯立杆），并且伴随着上部混凝土浇筑量的增多，杆件的最大动轴力峰值也随之增加。

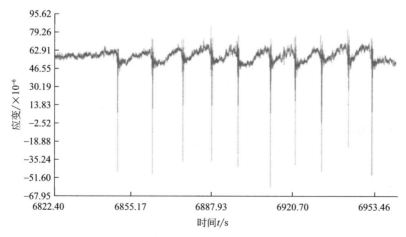

图 2.46 测点 3 的动应变时程曲线

表 2.12 混凝土浇筑过程中立杆测点动轴力峰值变化

模型序号	剪刀撑情况	混凝土浇筑阶段							
		空载阶段		混凝土浇筑量 2.0t		混凝土浇筑量 4.0t		混凝土浇筑量 6.0t	
		测点编号	最大动轴力/kN	测点编号	最大动轴力/kN	测点编号	最大动轴力/kN	测点编号	最大动轴力/kN
1	所有剪刀撑完好	3	4.33	3	4.43	3	4.90	3	5.73
2	无剪刀撑时	10	10.06	10	11.03	9	11.45	10	12.77

在没有任何剪刀撑设置的情况下，模板支撑体系整体刚度较小，受到冲击荷载作用时，能量从冲击荷载作用平面内向外扩散，杆件动轴力最大峰值出现在距离 3 号测点较近的 9 号（19♯立杆）、10 号（21♯立杆）测点，并且伴随着上部混凝土浇筑量的增多，杆件的最大动轴力峰值也随之增加。

（2）节点失效数量对模板支撑体系受力状态的影响

考虑到在实际混凝土浇筑过程中，支撑体系顶部受到各种诱发荷载的作用，可能会导致架体中部分扣件发生松脱、滑移、断裂甚至失效的情况，在保持剪刀撑完整的情况下，针对随机所选取的 5%主节点中有一半扣件失效（即 2.5%节点失效）、全部扣件均失效两种情况，分别对支撑体系中的各测点动应变进行了测量，并计算出了相应的最大动轴力数值，结果如表 2.13 所示。

表 2.13 节点失效数量对立杆测点动轴力峰值的影响

剪刀撑情况	立杆主节点情况	混凝土浇筑阶段											
		空载阶段			混凝土浇筑量 2.0t			混凝土浇筑量 4.0t			混凝土浇筑量 6.0t		
		测点编号	最大动轴力/kN	动轴力增长/%	测点编号	最大动轴力/kN	动轴力增长/%	测点编号	最大动轴力/kN	动轴力增长/%	测点编号	最大动轴力/kN	动轴力增长/%
剪刀撑完好	全部完好	3	4.33		3	4.43		3	4.90		3	5.73	
	2.5%失效	6	7.85	81.29	5	8.67	95.71	5	10.23	108.78	5	10.85	89.35
	5%失效	6	9.03	108.55	5	10.53	137.70	5	10.78	120.00	5	11.40	98.95

从表 2.13 中可以看出，即便是在所有剪刀撑保持完整、安全性最高的搭设条件下，一旦在混凝土浇筑过程中出现了扣件失效的不利情况，部分立杆的动轴力与扣件保持完好时的动轴力相比将有明显的增长，最大增幅程度达到了 120%，充分说明了模板支撑体系在混凝土浇筑过程中由于受到复杂形式的诱发荷载作用，导致部分扣件发生松脱甚至失效的情况一旦发生，将可能使得体系中部分杆件发生局部失稳，进而引发整个结构发生倒塌。

（3）剪刀撑失效对模板支撑体系的受力状态的影响

按照图 2.42 中的顺序，依次拆除各组剪刀撑（即各组剪刀撑逐一破坏），得到了在立杆主节点均有 5%失效的情况下相应各种模型测点在最大混凝土浇筑量下的动应变时程曲线，并计算出了相应的各测点动轴力峰值，找到了最大动轴力出现的位置，结果如表 2.14 所示，各模型的最大动轴力变化趋势如图 2.47 所示。

表 2.14　剪刀撑失效对立杆测点动轴力峰值的影响

模型序号	剪刀撑情况	立杆主节点情况	混凝土浇筑量 6.0t	
			测点编号	最大动轴力/kN
1	所有剪刀撑好	5%失效	5	11.40
2	拆除纵向剪刀撑 1	5%失效	10	12.45
3	拆除纵向剪刀撑 4	5%失效	10	12.62
4	拆除纵向剪刀撑 2	5%失效	10	12.66
5	拆除纵向剪刀撑 3	5%失效	10	13.00
6	拆除横向剪刀撑 3	5%失效	10	13.71
7	拆除横向剪刀撑 4	5%失效	10	14.03
8	拆除横向剪刀撑 1	5%失效	10	14.94
9	拆除横向剪刀撑 2（无剪刀撑）	5%失效	10	15.32

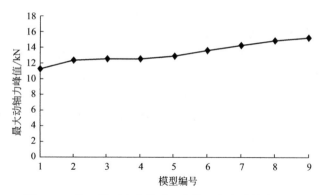

图 2.47　剪刀撑逐步失效过程中模型最大动轴力变化

从表 2.14 中可以看出，在逐步拆除剪刀撑的过程中，支撑体系各测点中出现的最大动轴力数值在逐渐增加。在图 2.47 的变化趋势图中，模型 2～5 为拆除纵向剪刀撑的过程，动轴力变化曲线较为平缓；模型 6～9 为拆除横向剪刀撑的过程，动轴力变化曲线明显变陡，充分说明了在冲击荷载作用下，横向剪刀撑对支撑体系的动力承载性能的影响比纵向剪刀撑更为显著，这与有限元分析中得到的结论一致。

2.4　本章小结

本章通过有限元计算及原型试验，对扣件偏心连接、体系顶部局部偏心荷载作用以及施工过程中受各种诱发因素影响可能导致直角扣件破坏、剪刀撑失效等因素对高大模板支撑体系承载性能的影响，进行了详细分析，得到以下结论：

① 对大量不同搭设参数下的扣件式钢管模板支撑体系进行了考虑"扣件偏心"影响与否的两种不同情况下的非线性有限元分析。从计算结果中可以看出，考虑直角扣件偏心影响时，单根立杆的稳定承载力比不考虑直角扣件偏心影响时要低，说明了忽略"扣件偏心"这一因素是偏于不安全的。

② 对于相同搭设参数下的模板支撑体系，当其顶部受到局部偏心荷载（偏载）作用时，其承载力将比受到全区域内的均布荷载（全载）作用时有较大幅度的下降，尤其是在部分扣件出现失效的情况下，其承载力下降的幅度更大。并且，靠近局部荷载作用区域的立杆，在靠近架体顶端位置处，将会发生较大的局部失稳变形，且架体整体出现扭转现象，进而引发整个模板支撑体系的失稳。

③ 通过对模板支撑体系在静力荷载作用下试验，可以看出，剪刀撑对模板支撑体系的整体承载性能影响很大。若水平剪刀撑发生失效，则其整体承载力将降低 20%～30%，若水平、竖向剪刀撑均发生失效现象，其整体承载力降低的幅度将在 60% 左右。

④ 通过水平冲击荷载作用下的模板支撑体系原型试验，可以发现，在混凝土浇筑过程中，当部分扣件发生了失效，支撑体系中部分立杆的动轴力将有明显的增长，使得杆件发生局部屈曲的概率增加，进而可能引发整个结构发生倒塌。

⑤ 通过冲击荷载作用下的有限元分析，可以看出，随着剪刀撑的逐步失效以及上部混凝土浇筑质量的逐步增加，均将使得模板支撑体系的自振频率逐渐降低，且越发地接近施工中常用的混凝土泵工作频率，这是导致混凝土浇筑期间内支撑体系容易发生倒塌事故的原因之一。

第3章

基于两种理论的模板支撑体系承载力与可靠度计算

在施工过程中，模板支撑体系及早龄期混凝土共同组成了一种临时复合承载体系。其结构特征、材料性能、受力状态等具有很大的空间变异性及随施工过程推进而发生更改的时变特性。此外，由于模板支撑体系在整个服役期内，需要被反复搭设、使用、拆除、运输和存放。在此过程中，扣件和钢管将产生磨损、锈蚀、变形及损伤，这必将导致各构配件材料性能、截面几何属性、扣件约束功能的衰减及退化，且同一施工项目中使用的模板支撑构配件，个体性能存在极大差异。同时，现场施工人员存在专业水平参差不齐、安全意识薄弱、管理人员安全知识匮乏、安全管理水平低下等现象。以上因素均可能导致施工过程中混凝土-模板支撑复合承载体系出现上部混凝土构件开裂、破坏、挠度过大，下部模板支撑局部破坏甚至整体倒塌等诸多问题。

在简化模型理论计算方面，我国诸多学者均以研究各单一构造因素对其承载力的影响为主。然而，对于模板支撑结构体系，无论构配件的材料性能，还是搭设过程中的人为操作，均具有很强的随机性和不确定性，这些因素都将对此体系承载性能产生影响。相对而言，人为的操作误差很难准确模拟，而构配件性能的随机性相对较容易考虑。并且，综合考虑构配件材料性能、截面几何属性、扣件约束功能以及各搭设参数等众多因素对模板支撑结构体系承载性能的影响更接近实际。

由此，本章分别基于有侧移半刚性连接框架理论和三点转动约束单杆稳定理论，从各构配件的材料性能、截面几何属性、扣件约束功能的衰减及退化等角度出发，将钢管外径、壁厚、弹性模量以及扣件转动刚度四种因素分别视为四个随机变量，探讨以上各单因素及多因素耦合作用下对模板支撑体系承载性能的影响规律，并对其可靠度展开分析。同时，经理论分析得出的结论，可以为后续风险辨识提供有力依据。

3.1　基于有侧移半刚性连接框架理论的模板支撑体系承载力与可靠度计算

基于有侧移半刚性连接框架理论的体系承载力计算模型如下：

直角扣件作为连接纵、横向水平杆与立杆之间的节点，是一种半刚性连接。笔者采用弹簧模拟扣件的半刚性特性，将有侧移半刚性连接三层柱的框架理论引入模板支撑体系承载力计算中，采用如图 3.1 所示的近似模型进行分析，对立杆计算长度系数进行推导，将复杂的模板支撑体系整体稳定性问题简化成立杆的稳定性计算。图中，包括立杆 c_2 以及与其上下相邻的两根约束杆 c_1、c_3，对立杆 c_2 起约束作用的四根水平杆 b_1、b_2、b_3、b_4。

在应用上述理论进行计算的过程中，采用的基本假定如下：

① 水平杆所受到的轴力很小，可以忽略；

② 在同一层中的各立杆同时发生失稳；

③ 各水平杆近端及远端的转角大小相等，且方向相同，即水平杆按双向曲率屈曲。

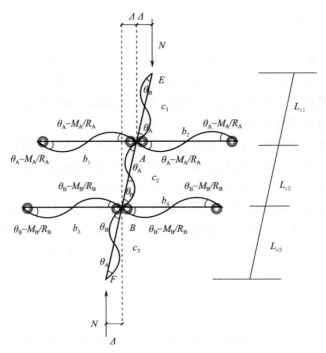

图 3.1　有侧移半刚性连接三层柱的框架模型

（1）水平杆单元

如图 3.2 所示，两端半刚性约束的水平杆单元，长度、弹性模量以及截面惯性矩分别为 L_b、E、I_b，θ_1、θ_2 分别为水平杆两端的转角，R_{k1}、R_{k2} 是水平杆两端弹簧刚度，即直角扣件的转动刚度。在端部弯矩 M_1、M_2 的作用下，水平杆左端、右端相对转角分别为 $\theta_1 - M_1/R_{k1}$ 和 $\theta_2 - M_2/R_{k2}$。

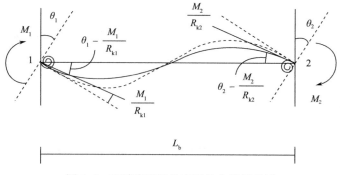

图 3.2　两端半刚性约束时的水平杆单元

当水平杆两端为半刚性连接时，其弯矩-转角方程为：

$$M_1 = \frac{EI_b}{L_b}\left[4\left(\theta_1 - \frac{M_1}{R_{k1}}\right) + 2\left(\theta_2 - \frac{M_2}{R_{k2}}\right)\right], \qquad M_2 = \frac{EI_b}{L_b}\left[2\left(\theta_1 - \frac{M_1}{R_{k1}}\right) + 4\left(\theta_2 - \frac{M_2}{R_{k2}}\right)\right]$$

(3.1)

令 $i_b = \dfrac{EI_b}{L_b}$，解方程（3.1）可以得到：

$$M_1 = \frac{i_b}{R^*}\left[\left(4 + \frac{12i_b}{R_{k2}}\right)\theta_1 + 2\theta_2\right], \qquad M_2 = \frac{i_b}{R^*}\left[2\theta_1 + \left(4 + \frac{12i_b}{R_{k1}}\right)\theta_2\right] \quad (3.2)$$

其中，

$$R^* = \left(1 + \frac{4i_b}{R_{k1}}\right)\left(1 + \frac{4i_b}{R_{k2}}\right) - \frac{4i_b^2}{R_{k1}R_{k2}} \tag{3.3}$$

对于有侧移框架水平杆，当不计轴力的影响时，发生异向曲率变形，即 $\theta_1 = \theta_2$。此时，水平杆端部弯矩为：

$$M_1 = 6i_b\theta_1\left(1 + \frac{2i_b}{R_{k2}}\right)/R^*, \qquad M_2 = 6i_b\theta_1\left(1 + \frac{2i_b}{R_{k1}}\right)/R^* \tag{3.4}$$

由于直角扣件的转动刚度为定值，即 $R_{k1} = R_{k2}$。

令

$$\alpha_u = \left(1 + \frac{2i_b}{R_{k1}}\right)/R^* \tag{3.5}$$

则 $M_1 = M_2 = 6i_b\alpha_u\theta_1$。

（2）立杆单元

如图 3.3 所示，立杆长度、弹性模量以及截面惯性矩分别为 L_c、E、I_c，两

端承受轴力 N 和弯矩 M_A、M_B，两端相对侧移为 Δ，则梁柱弯矩-转角方程用稳定函数表示如下：

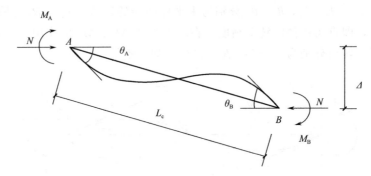

图 3.3　立杆单元

$$M_A = K\left[C\theta_A + S\theta_B - (C+S)\frac{\Delta}{L_c}\right], \qquad M_B = K\left[S\theta_A + C\theta_B - (C+S)\frac{\Delta}{L_c}\right]$$

$$(3.6)$$

其中，$K = \dfrac{EI_c}{L_c}$ 为立杆的线刚度，令 $k = \sqrt{\dfrac{N}{EI_c}}$，则：

$$C = \frac{kL_c\sin(kL_c) - (kL_c)^2\cos(kL_c)}{2 - 2\cos(kL_c) - kL_c\sin(kL_c)} \tag{3.7}$$

$$S = \frac{(kL_c)^2 - kL_c\sin(kL_c)}{2 - 2\cos(kL_c) - kL_c\sin(kL_c)} \tag{3.8}$$

分别为水平杆在 A、B 端的抗弯刚度系数。

（3）立杆的计算长度系数

假设 c_1 的远端均为铰接，即立杆 c_1 中 $(M_B)_{c1} = 0$，代入式（3.6），得到：

$$\theta_B = -\frac{S}{C}\theta_A + \left(1 + \frac{S}{C}\right)\frac{\Delta}{L_{c1}}, \qquad (M_A)_{c1} = K\left(C - \frac{S^2}{C}\right)\left(\theta_A - \frac{\Delta}{L_{c1}}\right) \tag{3.9}$$

同理，假设 c_3 的远端为铰接，即立杆 c_3 中 $(M_A)_{c3} = 0$，代入式（3.6），得到：

$$\theta_A = -\frac{S}{C}\theta_B + \left(1 + \frac{S}{C}\right)\frac{\Delta}{L_{c3}}, \qquad (M_B)_{c3} = K\left(C - \frac{S^2}{C}\right)\left(\theta_B - \frac{\Delta}{L_{c3}}\right) \tag{3.10}$$

在模板支撑体系中，水平杆与立杆的 EI 均相等，引入修正后立杆上、下端约束系数 K_1' 和 K_2'（此处 $K_1' = K_2'$），如式（3.11）所示：

$$K_1' = \frac{\sum\limits_A \alpha_u EI_b / L_b}{\sum\limits_A EI_c / L_c} = K_2' = \frac{\sum\limits_B \alpha_u EI_b / L_b}{\sum\limits_B EI_c / L_c} = K \tag{3.11}$$

根据模型中节点 A、B 处的力矩平衡以及立杆 c_2 的外力平衡条件，能够得到立杆的有效长度系数方程，如下：

$$\left[36K_1'K_2' - \left(\frac{\pi}{\mu}\right)^2\right]\tan\left(\frac{\pi}{\mu}\right) + 6(K_1' + K_2')\frac{\pi}{\mu} = 0 \tag{3.12}$$

利用公式（3.12）可计算得到立杆的计算长度系数 μ，进而通过公式（3.13）得到模板支撑体系承载力 R 的理论稳定承载力：

$$R = \frac{\pi^2 EI}{(\mu L_c)^2} \tag{3.13}$$

3.2 构配件性能因素对模板支撑体系承载性能的影响

在 3.1.1 节有侧移半刚性连接框架理论分析的基础上，本节中，将钢管外径 D、钢管壁厚 t、钢管弹性模量 E 以及扣件转动刚度 C 四种构配件性能因素视为随机变量，利用公式（3.12）、公式（3.13），共进行了 6 组不同搭设参数条件下的模板支撑体系承载力计算，考察上述各构配件性能因素对模板支撑体系承载力的影响程度及规律。6 组模板支撑体系的搭设参数如表 3.1 所示。

表 3.1　模板支撑体系搭设参数

编号	步距/m	横向立杆间距/m	纵向立杆间距/m
1	1.5	1.2	1.2
2	1.5	1.0	1.0
3	1.5	0.9	0.9
4	1.2	1.2	1.2
5	1.2	1.0	1.0
6	1.2	0.9	0.9

根据蒙特卡罗法的原理，借助 Matlab 软件编程，对每种搭设参数下的模板支撑体系，各随机变量随机抽取 1000 次，进行相应的承载力计算，得到以上各单一构配件因素对模板支撑体系承载力的分布。

对于上述各随机变量的取值，综合考虑直角扣件的半刚性性质和钢管的材料性能，以扣件转动刚度值作为梁两端弹簧刚度值，并通过其数值大小的变化，反映扣件约束功能的退化。其中，节点 A 处扣件的转动刚度 C_A 均值取为 19 kN·m/rad，节点 B 处扣件的转动刚度 C_B 均值取为 8 kN·m/rad，即人为控制扣件失效概率在 10% 左右；钢管的弹性模量 E 均值取为 2.06×10^5 N/mm^2。其余随机变量的概率分布，参考程佳佳对不同施工现场内，通过对构配件实测获得的数据，如表 3.2 所示，D，t 均符合正态分布。

表 3.2　随机变量概率分布及数字特征

项目	D/mm	t/mm
概率分布形式	正态分布	正态分布
均值	48.057	2.8377
标准差	0.0548	0.2678

3.2.1　单一因素对承载力的影响

（1）钢管外径 D 对承载力的影响

在不同搭设参数条件下，计算得到钢管外径 D 对模板支撑体系的承载力 R 影响频率直方图，如图 3.4 所示，图名以体系的搭设步距×立杆横向间距×立杆纵向间距命名（以下同）。从图中可看出，承载力近似服从正态分布，同时随着搭设参数的改变，R 随之变化。

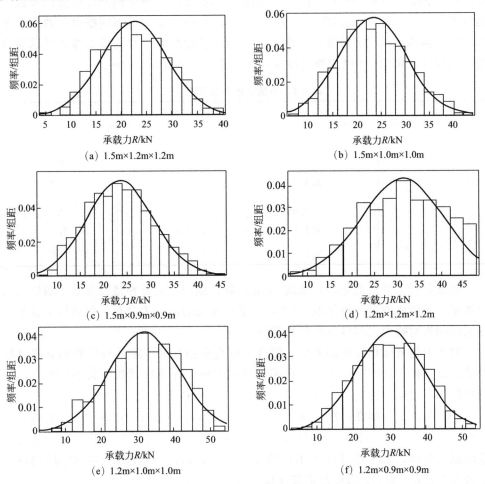

(a) 1.5m×1.2m×1.2m　　(b) 1.5m×1.0m×1.0m

(c) 1.5m×0.9m×0.9m　　(d) 1.2m×1.2m×1.2m

(e) 1.2m×1.0m×1.0m　　(f) 1.2m×0.9m×0.9m

图 3.4　不同钢管外径 D 下模板支撑体系承载力分布

为了消除承载力均值的绝对大小对变异程度的影响，计算了相应的变异系数。从表3.3中可以看出，受随机变量 D 的影响，当立杆纵、横向间距一定时，随着步距的减小，变异系数越来越大；同时，在步距一定时，随着立杆间距的减小，变异系数改变较大。因此，在随机变量 D 的影响下变异系数不同，承载力分布较为离散。

表3.3 钢管外径 D 对模板支撑体系承载力的影响

步距/m	立杆间距 （横向×纵向）/m	承载力均值/kN	标准差	变异系数	分布类型
1.5	1.2×1.2	22.585	6.522	0.289	正态
1.5	1.0×1.0	23.483	6.931	0.295	正态
1.5	0.9×0.9	23.694	7.123	0.301	正态
1.2	1.2×1.2	31.389	9.166	0.292	正态
1.2	1.0×1.0	31.847	9.560	0.300	正态
1.2	0.9×0.9	32.029	9.788	0.306	正态

（2）钢管壁厚 t 对承载力影响

壁厚 t 对其承载力 R 影响的频率直方图，如图3.5所示。由图可知，承载力也近似服从正态分布，同时 R 随着搭设参数的减小而增大。

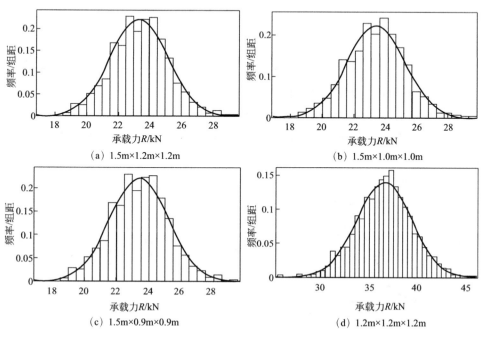

(a) 1.5m×1.2m×1.2m

(b) 1.5m×1.0m×1.0m

(c) 1.5m×0.9m×0.9m

(d) 1.2m×1.2m×1.2m

图3.5

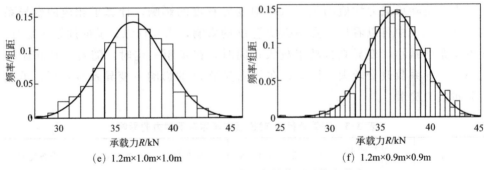

(e) 1.2m×1.0m×1.0m (f) 1.2m×0.9m×0.9m

图 3.5　不同壁厚 t 下模板支撑体系承载力分布

从表 3.4 中可以看出，受随机变量 t 的影响，当立杆纵、横向间距一定时，随着步距的减小，变异系数越来越大；同时，在步距一定时，随着立杆间距的减小，变异系数改变较大。因此，在随机变量 t 的影响下变异系数不同，承载力分布较为离散。

表 3.4　壁厚 t 对模板支撑体系承载力的影响

步距/m	立杆间距 （横向×纵向）/m	承载力均值/kN	标准差	变异系数	分布类型
1.5	1.2×1.2	23.401	1.800	0.077	正态
1.5	1.0×1.0	23.275	1.807	0.078	正态
1.5	0.9×0.9	23.401	1.820	0.078	正态
1.2	1.2×1.2	36.567	2.838	0.078	正态
1.2	1.0×1.0	36.537	2.834	0.078	正态
1.2	0.9×0.9	36.538	2.858	0.078	正态

（3）弹性模量 E 对其承载力影响

弹性模量 E 对其承载力 R 影响的频率直方图，如图 3.6 所示。从图 3.6 中可看出，承载力服从正态分布，承载力与搭设参数呈反比，R 随着搭设参数的增大而减小。

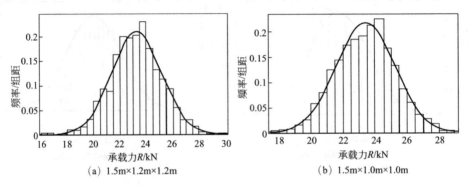

(a) 1.5m×1.2m×1.2m (b) 1.5m×1.0m×1.0m

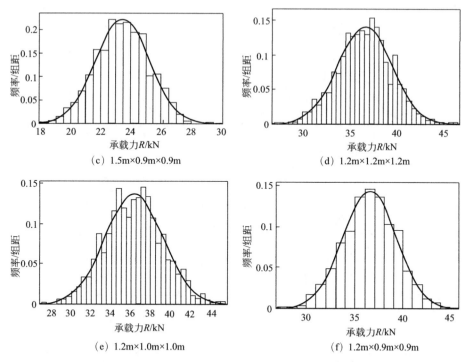

图 3.6 不同弹性模量 E 下模板支撑体系承载力分布

从表 3.5 中可以看出，受随机变量 E 的影响，当立杆纵、横向间距一定时，随着步距的减小，变异系数越来越大；同时，在步距一定时，随着立杆间距的减小，变异系数改变较大。因此，在随机变量 E 的影响下变异系数不同，承载力分布较为离散。

表 3.5 弹性模量 E 对模板支撑体系承载力的影响

步距/m	立杆间距 （横向×纵向）/m	承载力均值/kN	标准差	变异系数	分布类型
1.5	1.2×1.2	23.258	1.808	0.078	正态
1.5	1.0×1.0	23.375	1.831	0.078	正态
1.5	0.9×0.9	23.434	1.805	0.077	正态
1.2	1.2×1.2	36.525	2.851	0.078	正态
1.2	1.0×1.0	36.315	2.914	0.080	正态
1.2	0.9×0.9	36.234	2.910	0.080	正态

（4）扣件转动刚度 C 对其承载力影响

扣件转动刚度 C 对其承载力 R 影响的频率直方图，如图 3.7 所示。从图 3.7 中可知，R 服从正态分布，同时随着搭设参数的改变而变化。

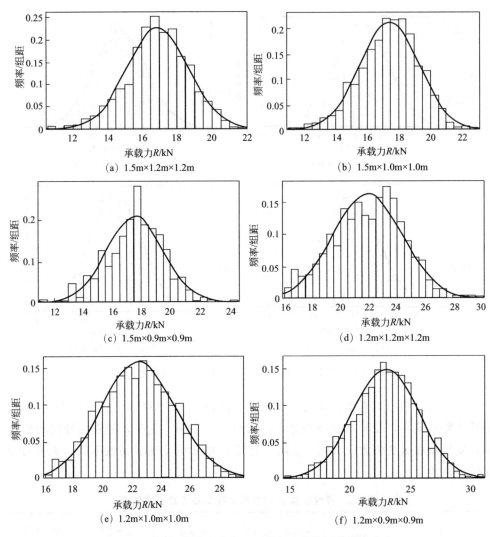

图 3.7 不同扣件转动刚度 C 下模板支撑体系承载力分布

从表 3.6 中可以看出，受随机变量 C 的影响，当立杆纵、横向间距一定时，随着步距的减小，变异系数越来越大；同时，在步距一定时，随着立杆间距的减小，变异系数改变较大。因此，在随机变量 C 的影响下变异系数不同，承载力分布较为离散。

表 3.6 扣件转动刚度影响下计算承载力

步距/m	立杆间距 （横向×纵向）/m	承载力均值/kN	标准差	变异系数	分布类型
1.5	1.2×1.2	16.865	1.757	0.104	正态
1.5	1.0×1.0	17.404	1.865	0.107	正态

步距/m	立杆间距 (横向×纵向)/m	承载力均值/kN	标准差	变异系数	分布类型
1.5	0.9×0.9	17.574	1.923	0.109	正态
1.2	1.2×1.2	21.925	2.461	0.120	正态
1.2	1.0×1.0	22.411	2.522	0.112	正态
1.2	0.9×0.9	22.885	2.659	0.116	正态

综上所述，在受某种单因素的作用下，对此体系承载性能影响机理均类似。当立杆纵、横向间距一定时，随着步距的减小，变异系数越来越大；同时，在步距一定时，随着立杆间距的减小，变异系数改变较大。因此，在上述某单一因素影响下，其承载性能随着搭设参数不同而变化。

3.2.2　多种随机变量对承载力的影响

对于钢管外径 D、钢管壁厚 t、钢管弹性模量 E 以及扣件转动刚度 C 四个随机变量，任意进行 2、3、4 个的组合，考察相应多个性能因素共同影响下，体系承载力的变化。

（1）双因素耦合对其承载力的影响

由于模板支撑体系搭设参数变化多样，若对所有搭设参数均进行性能因素影响下的承载力计算，工作量巨大。因此，仅选取两种实际工程中常用的搭设参数为代表：步距为 1.5 m，且立杆纵、横向间距相等，但一种间距较大为 1.2 m，另一种间距较小为 0.9 m。通过对此两种模板支撑体系进行上述任意 2 个随机变量耦合作用下的承载力计算（D 和 E、D 和 C、D 和 t、E 和 t、E 和 C、C 和 t），考察在具有同步距、不同立杆间距下的体系中，双因素耦合作用对其承载力的影响规律。

工况 1 搭设参数为 1.5 m×1.2 m×1.2 m 的模板支撑体系，在双因素耦合作用下的承载力分布，如图 3.8 所示。工况 2 搭设参数为 1.5 m×0.9 m×0.9 m 的模板支撑体系，双因素耦合作用下的体系承载力分布，如图 3.9 所示。

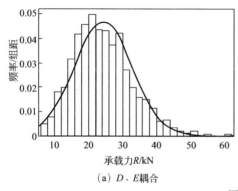

（a）D、E 耦合

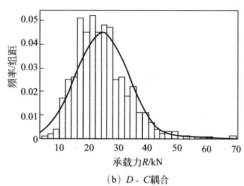

（b）D、C 耦合

图 3.8

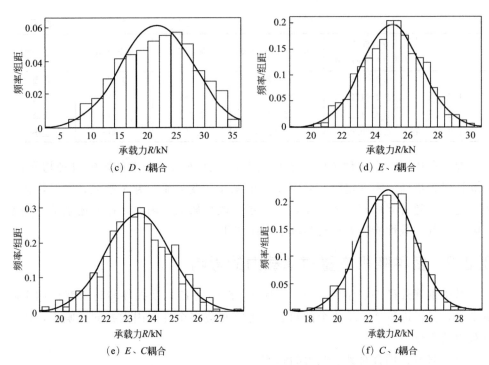

图 3.8 参数 1 的模板支撑体系下双因素耦合作用下的承载力分布

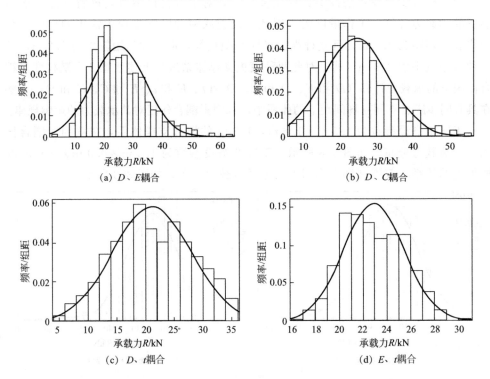

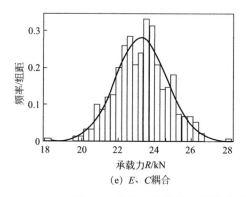
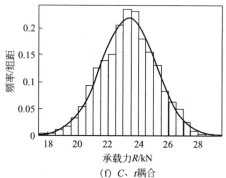

(e) E、C耦合   (f) C、t耦合

图 3.9 参数 2 的模板支撑体系下双因素耦合作用下的承载力分布

从表 3.7 中可以看出，在任意一组双因素耦合作用下，当步距为 1.5 m 时，随着立杆间距的减小，变异系数改变较大。其中，D 与其他因素耦合时，变异系数较大。因此，在两种随机变量共同耦合的影响下变异系数不同，承载力分布较为离散。

表 3.7 双因素影响下计算承载力

双因素组合	立杆间距 （横向×纵向）/（m×m）	承载力均值/kN	标准差	变异系数
D、E	1.2×1.2	24.157	8.476	0.351
D、E	0.9×0.9	25.040	9.239	0.369
D、C	1.2×1.2	24.296	8.859	0.365
D、C	0.9×0.9	24.294	9.002	0.371
D、t	1.2×1.2	21.629	6.473	0.299
D、t	0.9×0.9	21.224	6.841	0.322
E、t	1.2×1.2	25.388	2.033	0.080
E、t	0.9×0.9	22.900	2.558	0.112
E、C	1.2×1.2	23.431	1.401	0.060
E、C	0.9×0.9	23.275	1.419	0.061
C、t	1.2×1.2	23.277	1.797	0.077
C、t	0.9×0.9	23.320	1.812	0.078

（2）三种因素耦合对其承载力的影响

由表 3.7 可以看出，D、t 和 D、E 两种双因素耦合作用时，其变异系数变化较大。由此，为了进一步探讨三种不同因素耦合作用下对其体系承载性能的影响，分别按照前述工况 1 和工况 2 的搭设参数，选取 D、E 和 t 三种随机变量，对模板支撑体系的承载力进行三因素耦合作用下的计算。如图 3.10 所示。从图中可以看出，在此三种因素耦合作用下，当步距为 1.5 m 时，随着立杆间距的减小，变异系数改变较大。

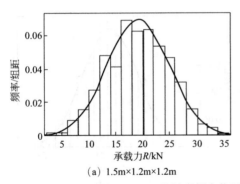

(a) 1.5m×1.2m×1.2m

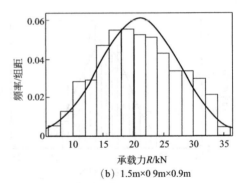

(b) 1.5m×0.9m×0.9m

图 3.10　三种因素耦合作用下模板支撑体系承载力分布

（3）四种因素耦合对其承载力的影响

以工况 1 中搭设参数为 1.5 m×1.2 m×1.2 m 的模板支撑体系为例，对其在受不同数量因素影响下的体系承载力变化进行对比和分析，如表 3.8 所示。由表可知，随着因素数量的增加，承载力分布密度呈分散趋势，同时，其均值逐渐减小。其中扣件失效对其承载力影响尤为明显，与不考虑此因素相比，承载力均值减少了 3.609kN。由此可知，随着所考虑的随机变量数量增加，即影响体系承载力的不确定性越多，模板支撑体系承载性能变化越大，发生风险的概率增加。

表 3.8　不同数量因素影响下体系承载力的对比

随机变量	承载力均值/kN	标准差/kN	变异系数	分布类型
D	22.585	6.522	0.289	正态
D、t	21.629	6.472	0.299	正态
D、t、E	19.167	5.737	0.299	正态
D、t、E、C	15.558	4.711	0.303	正态

此外，在以上四种随机变量共同作用下，还分别对具有相同立杆步距、不同立杆间距搭设情况下的其余 3 组模板支撑承载力进行了计算，得到的承载力分布情况如图 3.11 所示。由图可知，随着立杆间距减小，体系承载力的变异系数呈增大趋势。由此可知，构配件性能的变化，对不同搭设参数情况下的体系承载力影响程度不同。

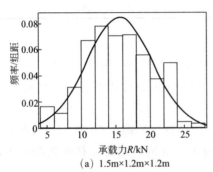

(a) 1.5m×1.2m×1.2m

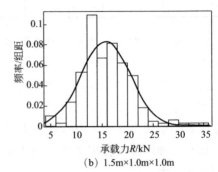

(b) 1.5m×1.0m×1.0m

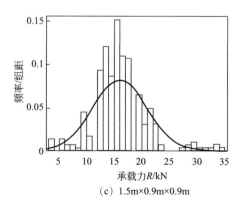

(c) 1.5m×0.9m×0.9m

图 3.11　不同搭设参数下 4 种因素对体系承载力影响

3.2.3　可靠度计算

据统计，模板支撑体系承载力不足导致的安全事故时有发生，其中，绝大多数倒塌事故均发生在浇筑期间，造成严重的人员伤亡和经济损失。

一方面，由于新浇筑的混凝土不具备自承能力，其自重和施工活荷载必须由模板支撑体系来承担，而模板支撑体系自身的承载性能受前述各因素的影响，随机性、变异性较大。另一方面，施工期荷载状况复杂、多变。为了更好地控制倒塌事故的发生，在施工前分析其结构可靠度至关重要。相对于永久荷载而言，可变荷载的随机性更大。因此，考虑到可变荷载的这一特征，在计算可靠度指标 β 时，按照其占永久荷载不同百分比的方式进行取值。参考学者 Zhang 等对可变荷载的调查和研究，建议活恒比 L_n/D_n 取值为 0.5～1.5。本节中，将 L_n/D_n 分别取为 0.5、0.6、0.7、0.8、0.9、1.0。同时，参考《建筑施工扣件式钢管脚手架安全技术规范》（JGJ 130—2011）中，不考虑组合风荷载时立杆轴力设计值计算公式，对基于有侧移半刚性连接框架理论柱模型建立的立杆承载力计算公式可靠度进行分析。通过引入抗力系数 Φ 对公式（3.13）中 R 进行调整，得到结构极限状态公式为（3.14）：

$$Z = \Phi R - S = \Phi \frac{\pi^2 EI}{(\mu L_c)^2} - (1.2D_n + 1.4L_n) \quad (3.14)$$

式中，D_n 为永久荷载；L_n 为可变荷载。

同时，为了获得利用承载力计算公式（3.14）对模板支撑体系进行设计时，不同抗力系数 Φ 的取值对可靠度的影响，将抗力系数 Φ 分别取为 0.7、0.8、0.9，计算了相应的可靠度指标 β，如图 3.12 所示。由图可知，在不同的抗力系数下，β 均随着活恒比 L_n/D_n 的增大而减小。

从图中可以看出，在其他参数相同条件下，β 随着 Φ 的增大而增大。在不同的活恒比条件下，若将 Φ 取为 0.9，则采用公式（3.14）计算的模板支撑体系承

载力可靠度指标 β 位于 $2.5\sim3.5$ 之间。若将 Φ 取为 0.7，则相应的 β 位于 $1.9\sim$ 2.9 之间。

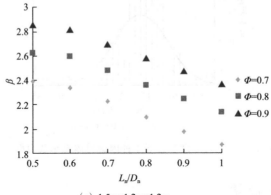

(a) 1.5m×1.2m×1.2m

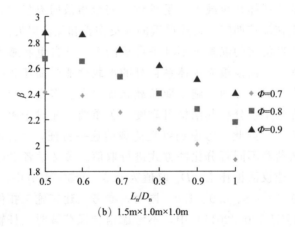

(b) 1.5m×1.0m×1.0m

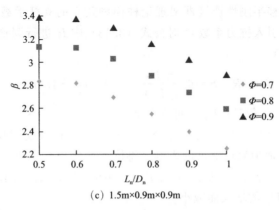

(c) 1.5m×0.9m×0.9m

图 3.12 可靠度指标 β

参考表 3.9 中的搭设参数，考虑前述各构配件性能较好，即各随机变量按照相应的正态分布函数，以不低于 90% 的概率在区间 $[\mu, \mu+2\sigma]$ 上取值，按照工况 1、2、3 的搭设方式建立模型。同时，考虑前述各构配件性能较差，相应的正态分布函数，以不低于 90% 的概率在区间 $[\mu-2\sigma, \mu]$ 上取值，按照工况 4、5、6 的搭设方式建立模型。利用前述方法，考察搭设参数及构配件性能对其承载力可靠度的影响。

表 3.9 可靠度指标 $\beta(\Phi=0.7)$

工况	搭设参数 （步距×横向间距×纵向间距） /m	$\Phi=0.7$					
		$L_n/D_n=0.5$	$L_n/D_n=0.6$	$L_n/D_n=0.7$	$L_n/D_n=0.8$	$L_n/D_n=0.9$	$L_n/D_n=1.0$
1	1.5×1.2×1.2	2.41	2.39	2.27	2.13	2.01	1.89
2	1.5×1.0×1.0	2.42	2.39	2.26	2.13	2.01	1.89
3	1.5×0.9×0.9	2.42	2.40	2.26	2.13	2.01	1.89
4	1.2×1.2×1.2	2.31	2.29	2.18	2.08	1.99	1.88
5	1.2×1.0×1.0	2.31	2.29	2.18	2.08	1.99	1.90
6	1.2×0.9×0.9	2.31	2.29	2.18	2.08	1.99	1.90

从表 3.9 中可以看出，在不同活恒比条件下，计算得到的前 3 组模型之间可靠性指标相差无几。与上述现象类似，后 3 组模型之间可靠性指标也几乎相等。然而，将工况 1 与工况 4 对比，可以发现：工况 4 的立杆步距为 1.2 m，小于工况 1 中的立杆步距 1.5 m。但是，不同活恒比条件下，计算得到的可靠性指标均低于工况 1。

通过上述比较可知：构配件的性能因素，对模板支撑体系的承载性能会产生较大影响。其他条件相同的前提下，即便搭设参数设计有利，若实际选取的构配件，其性能与设计要求相差较多，也不一定能达到目标可靠度的要求。因此，在对模板支撑体系进行设计和承载力计算时，考虑构配件性能的随机性是更符合实际的。

3.3 基于三点转动约束单杆稳定理论的体系承载力与可靠度计算

3.3.1 基于三点转动约束单杆稳定理论的体系承载力计算模型

通过之前大量的模板支撑体系承载力原型试验可以发现，模板支撑体系的破坏模式为结构整体失稳,并伴随着波长为2～4个步距的大波鼓曲现象。在试验的基础上,可以选取失稳波长不同时的极限状态分别进行研究,并采用简化方法对立杆计算长度系数进行相应推导。

本节中,假设模板支撑体系发生失稳破坏时的波长为2倍步距,考虑直角扣件的半刚性性质和水平杆对立杆的约束作用,在立杆每一步距h处均采用扭转弹簧约束,采用如图3.13所示的有侧移三点转动约束的单杆模型,对立杆计算长度系数进行推导,将复杂的模板支撑体系整体稳定性问题简化成立杆的稳定性计算。

(1)基本假定

① 各列立杆同时发生有侧移的失稳;

② 位于同一层的各水平杆,当发生失稳时,其转角大小均相等。而同一水平杆两端的转角方向相反;

③ 水平杆只受弯矩作用,而没有轴力。

④ 每一步距的立杆两端均受转动刚度为C的弹簧约束,此弹簧约束考虑了直角扣件半刚性及水平杆对立杆的综合影响。

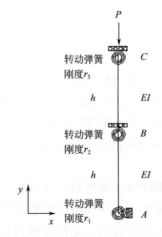

图3.13 基于有侧移三点转动约束单杆稳定理论简化计算模型简图

(2)扭转弹簧刚度计算

如图3.14所示,在两端半刚性约束的水平杆中,两端弹簧的刚度为直角扣件转动刚度C_1,当立杆发生有侧移失稳时,横梁的变形为双曲线。

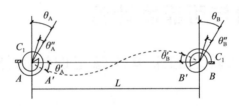

图3.14 扭转弹簧刚度计算模型

半刚性连接杆件 AB 在 A 端总转角包括两部分，一部分是杆件在 A' 点处的转角 θ'_A，另一部分则是弹簧本身的转角 θ''_A，则杆件 AB 在 A 端的总转角为：

$$\theta_A = \theta'_A + \theta''_A \tag{3.15}$$

由计算假定可知，A' 点处的弯矩为：

$$M_A = \frac{2EI_b}{L_b}(2\theta'_A + \theta'_B) = \frac{6EI_b\theta'_A}{L_b} \tag{3.16}$$

A 点处弹簧转角为：

$$\theta''_A = \frac{M_A}{C_1} \tag{3.17}$$

将式（3.16）、式（3.17）代入公式（3.15）可得：

$$\frac{M_A L_b}{6EI_b} + \frac{M_A}{C_1} = \frac{M_A}{C} \tag{3.18}$$

最终，可以得到立杆端部扭转弹簧的约束刚度为：

$$C = \frac{6EI_b C_1}{6EI_b + L_b C_1} \tag{3.19}$$

（3）计算长度系数方程推导过程

如计算简图 3.13 所示，当立杆 AC 发生失稳时，A、B、C 三点处扭转弹簧的转动角度分别为 θ_1、θ_2、θ_3。

当 $0 < x < h$ 时，

平衡方程为：
$$-EIy''_1 + r_1\theta_1 = Py_1 \tag{3.20}$$

设 $k^2 = P/EI$，则

$$y''_1 + k^2 y_1 - \frac{r_1\theta_1}{EI} = 0 \tag{3.21}$$

微分方程（3.21）的通解为：

$$y_1(x) = \sin(kx) \times C_1 + \cos(kx) \times C_2 + \frac{r_1\theta_1}{k^2 EI} \tag{3.22}$$

边界条件：

① 在 $x = 0$ 处，水平位移为 0

$$y_1(0) = 0 \tag{3.23}$$

② 在 $x = 0$ 处，剪力为 0

$$-[EIy'''_1(0) + Py'_1(0)] = 0 \tag{3.24}$$

代入公式（3.22），解得：

$$y_1 = \frac{\sin(kx)\theta_1}{k} - \frac{\cos(kx)r_1\theta_1}{k^2 EI} + \frac{r_1\theta_1}{k^2 EI} \tag{3.25}$$

当 $h < x < 2h$ 时：

平衡方程为：

$$-EIy_2'' + r_1\theta_1 + r_2\theta_2 = Py_2 \qquad (3.26)$$

即

$$y_2'' + k^2y_2 - \frac{r_1\theta_1 + r_2\theta_2}{EI} = 0 \qquad (3.27)$$

微分方程（3.27）的通解：

$$y_2(x) = \sin(kx) \times C_3 + \cos(kx) \times C_4 + \frac{r_1\theta_1 + r_2\theta_2}{k^2EI} \qquad (3.28)$$

边界条件：

① 在 $x = h$ 处，剪力为 0

$$-[EIy_2'''(h) + P\theta_2] = 0 \qquad (3.29)$$

② 在 $x = 2h$ 处，剪力为 0

$$-[EIy_2'''(2h) + P\theta_3] = 0 \qquad (3.30)$$

代入公式（3.28），可以得到：

$$y_2 = -\frac{-kEI\theta_3\cos(kx-kh) + kEI\theta_2\cos(kx-2kh) + \sin(kh)r_1\theta_1 + \sin(kh)r_2\theta_2}{\sin(kh)k^2EI}$$

$$(3.31)$$

两段杆之间的协调条件：

① 在 $x = h$ 处，位移相等

$$y_1(h) = y_2(h) \qquad (3.32)$$

② 在 $x = h$ 处，转角相等

$$y_1'(h) = y_2'(h) \qquad (3.33)$$

根据在 $x = 2h$ 处的边界条件，可以得到下式

$$M_{(2h)} = r_3\theta_3 \qquad (3.34)$$

设 $kh = \dfrac{\pi}{\mu}$，将公式（3.32）～式（3.34）联立，经化简得到下式

$$\left[(-\mu^3h^3r_1r_2r_3 + 2\pi^2EI^2\mu hr_3 + 2\pi^2EI^2\mu hr_1 + \pi^2EI^2\mu hr_2)\cos^2\left(\frac{\pi}{\mu}\right) - \right.$$

$$\pi^2EI^2\mu hr_3 + \mu^3h^3r_1r_2r_3 - \pi^2EI^2\mu hr_1]\sin\left(\frac{\pi}{\mu}\right) +$$

$$(3.35)$$

$$(2\pi^3EI^3 - 2\pi EI\mu^2h^2r_1r_3 - \pi EI\mu^2h^2r_1r_2 - \pi EI\mu^2h^2r_2r_3)\cos^3\left(\frac{\pi}{\mu}\right) +$$

$$(-2\pi^3EI^3 + 2\pi EI\mu^2h^2r_1r_3 + \pi EI\mu^2h^2r_1r_2 + \pi EI\mu^2h^2r_2r_3)\cos\left(\frac{\pi}{\mu}\right) = 0$$

由于在二维平面内，水平杆的长度及截面模量均相等，即

$$r_1 = r_2 = r_3 = C$$

设 $C_c = \dfrac{EI}{2h}$ 为立杆的线刚度，则最终的计算长度系数方程为：

$$[(-\mu^3 C^3 + 20\pi^2 \mu CC_c^2)\cos^2\left(\frac{\pi}{\mu}\right) - 8\pi^2 \mu CC_c^2 + \mu^3 C^3]\sin\left(\frac{\pi}{\mu}\right) +$$

$$(16\pi^3 C_c^3 - 8\pi\mu^2 C^2 C_c)\cos^3\left(\frac{\pi}{\mu}\right) +$$

$$(-16\pi^3 C_c^3 + 8\pi\mu^2 C^2 C_c)\cos\left(\frac{\pi}{\mu}\right) = 0$$

(3.36)

通过公式（3.36）获得立杆的计算长度系数 μ 之后，再通过下式计算得到模板支撑体系承载力 R：

$$R = \frac{\pi^2 EI}{(\mu h)^2}$$

(3.37)

3.3.2 单一随机变量对承载力的影响

在 3.2.1 节有侧移三点转动约束单杆稳定理论的基础上，本节中，将钢管外径 D、钢管壁厚 t、钢管弹性模量 E 以及扣件转动刚度 C 四种构配件性能因素视为随机变量，其概率分布及数字特征如表 3.2 所示。

利用公式（3.35）、式（3.36）共进行了 7 组不同搭设参数条件下的模板支撑体系承载力计算，考察上述各构配件性能因素对模板支撑体系承载力的影响程度及规律。7 组模板支撑体系的搭设参数如表 3.10 所示。

表 3.10　7 组模板支撑体系搭设参数

编号	步距/m	横向立杆间距/m	纵向立杆间距/m
1	1.5	1.2	1.2
2	1.2	1.2	1.2
3	1.2	1.0	1.0
4	1.2	0.9	0.9
5	0.9	1.2	1.2
6	0.9	1.0	1.0
7	0.9	0.9	0.9

（1）弹性模量 E 对其承载力的影响

在运营过程中，由于施工单位疏于管理，钢管模板支撑未做好保护措施，露天随意堆放。徐善华指出随着锈蚀天数的增加钢材在受到温度和周围介质的影响下，其材料性能逐渐降低。为了得到 E 对模板支撑体系承载性能的影响规律，在不同搭设参数条件下计算得到 E 对其承载力 R 影响的频率直方图，如图 3.15 所示。从图中可知，承载力近似服从正态分布，且 R 随着搭设参数的改变而变化。

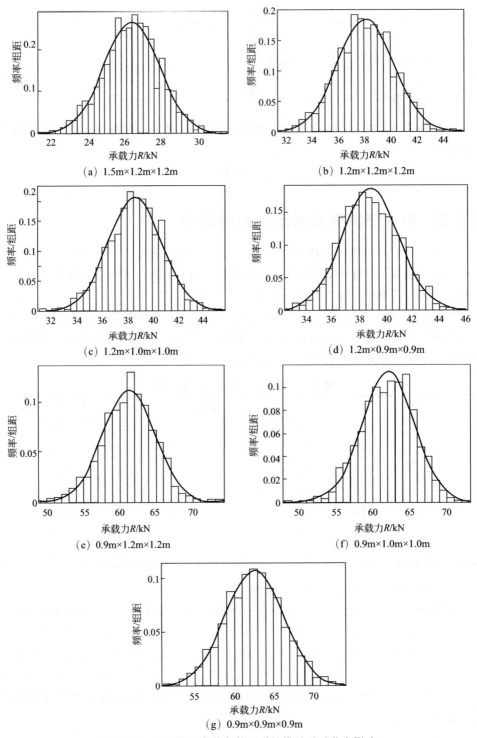

图 3.15　不同搭设参数条件下弹性模量对承载力影响

弹性模量对承载力影响的结果如表 3.11 所示，为消除承载力均值的绝对大小对变异程度的影响，需要计算变异系数。当立杆纵横向间距均为 1.0 m 时，受随机变量 E 的影响，随着步距的减小，承载力变异系数越来越大，即其承载力分布越分散；而在步距均为 1.2 m 时随着立杆间距变化变异系数改变较小。因此，步距对其承载力稳定性影响较大，而立杆间距对承载力稳定性影响较小。

表 3.11　弹性模量对承载力的影响

步距/m	立杆间距（横向×纵向）/m	承载力均值/kN	标准差	变异系数	分布类型
1.5	1.2×1.2	26.349	1.507	0.057	正态分布
1.2	1.2×1.2	38.101	2.139	0.056	正态分布
1.2	1.0×1.0	38.606	2.120	0.055	正态分布
1.2	0.9×0.9	38.826	2.153	0.055	正态分布
0.9	1.2×1.2	61.150	3.597	0.058	正态分布
0.9	1.0×1.0	62.050	3.516	0.057	正态分布
0.9	0.9×0.9	62.543	3.715	0.0594	正态分布

（2）钢管管径 D 对其承载力影响

钢管管径 D 对其承载力 R 影响的频率直方图，如图 3.16 所示。从图 3.16 中可看出，R 近似服从正态分布。

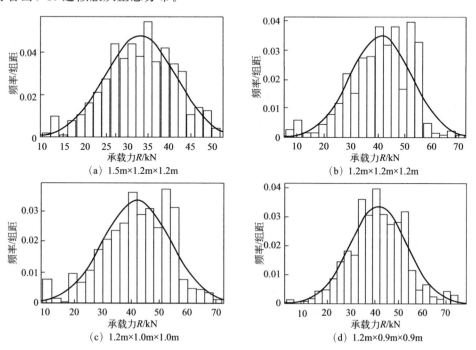

（a）1.5m×1.2m×1.2m　　（b）1.2m×1.2m×1.2m

（c）1.2m×1.0m×1.0m　　（d）1.2m×0.9m×0.9m

图 3.16

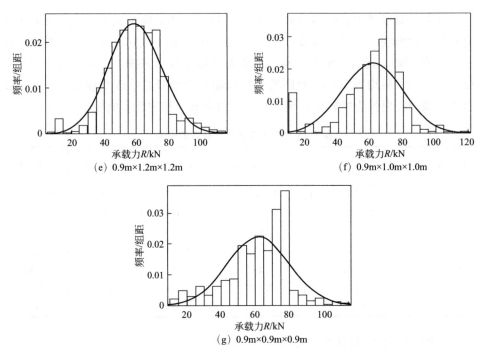

图 3.16 不同搭设参数条件下钢管管径对承载力影响

钢管外径 D 对承载力影响的结果如表 3.12 所示。当立杆间距相同时，受随机变量 D 的影响，随着步距的减小，承载力变异系数越来越大；在步距相同时，随着立杆间距变化变异系数改变较小。因此，受随机变量 D 的影响，步距对其承载力稳定性影响较大，而立杆间距对承载力稳定性影响较小。

表 3.12 钢管外径 D 对承载力的影响

步距/m	立杆间距（横向×纵向）/(m×m)	承载力均值/kN	标准差	变异系数	分布类型
1.5	1.2×1.2	33.091	8.307	0.251	正态分布
1.2	1.2×1.2	41.212	11.423	0.277	正态分布
1.2	1.0×1.0	42.064	11.915	0.283	正态分布
1.2	0.9×0.9	41.422	11.880	0.287	正态分布
0.9	1.2×1.2	59.491	16.491	0.278	正态分布
0.9	1.0×1.0	61.035	18.283	0.299	正态分布
0.9	0.9×0.9	61.832	17.827	0.288	正态分布

（3）钢管壁厚 t 对其承载力影响

钢管壁厚 t 对其承载力 R 影响的频率直方图，如图 3.17 所示。从图中可知，承载力服从正态分布，R 随着搭设参数的减小而增大。

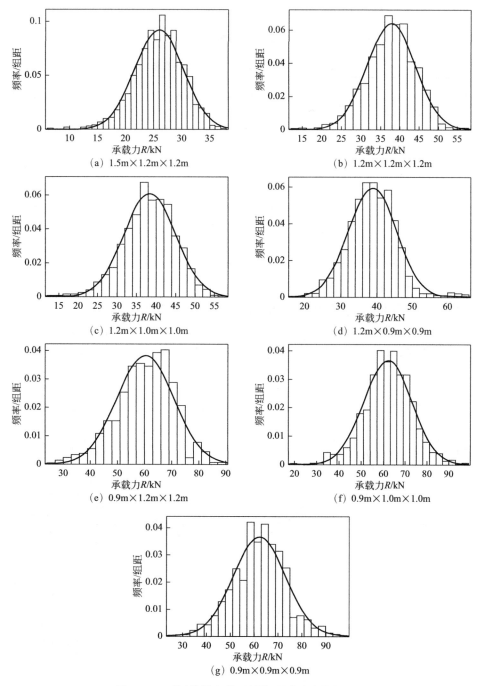

(a) 1.5m×1.2m×1.2m

(b) 1.2m×1.2m×1.2m

(c) 1.2m×1.0m×1.0m

(d) 1.2m×0.9m×0.9m

(e) 0.9m×1.2m×1.2m

(f) 0.9m×1.0m×1.0m

(g) 0.9m×0.9m×0.9m

图 3.17 不同搭设参数下钢管壁厚对承载力影响

壁厚 t 对承载力影响的结果如表 3.13 所示。当立杆纵横向间距一定时，受随机变量 t 的影响，随着步距的减小，承载力变异系数越来越大。同时，在步距一定时随着立杆间距变化变异系数改变较小。因此，受随机变量 t 的影响，相对于立杆间距来说，步距对其承载力稳定性影响更大。

表 3.13　钢管壁厚 t 对承载力的影响

步距/m	立杆间距 (横向×纵向)/(m×m)	承载力均值/kN	标准差	变异系数	分布类型
1.5	1.2×1.2	25.965	4.315	0.166	正态分布
1.2	1.2×1.2	37.794	6.205	0.164	正态分布
1.2	1.0×1.0	38.298	6.518	0.170	正态分布
1.2	0.9×0.9	38.767	6.683	0.172	正态分布
0.9	1.2×1.2	60.293	10.413	0.173	正态分布
0.9	1.0×1.0	62.101	10.828	0.174	正态分布
0.9	0.9×0.9	62.163	10.912	0.176	正态分布

（4）扣件转动刚度 C 对其承载力的影响

扣件转动刚度 C 对其承载力 R 影响的频率直方图，如图 3.18 所示。从图 3.18 中可以看出，承载力近似服从正态分布，存在一些极个别扣件转动刚度值极低的情况，使得承载力偏离正态分布，但不影响分析，反而可能更符合实际情况。

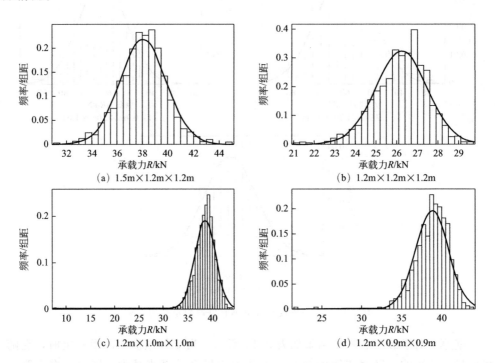

（a）1.5m×1.2m×1.2m　　（b）1.2m×1.2m×1.2m　　（c）1.2m×1.0m×1.0m　　（d）1.2m×0.9m×0.9m

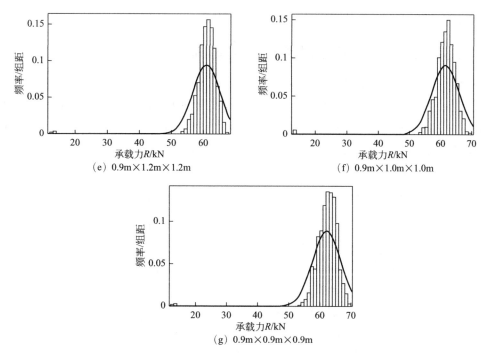

图 3.18　不同搭设参数下扣件转动刚度对承载力影响

扣件转动刚度对承载力影响的结果如表 3.14 所示。当立杆纵横向间距相同时，受随机变量 C 的影响，随着步距的减小，承载力变异系数越来越大。同时，在步距相同时随着立杆间距变化变异系数改变较小。因此，受随机变量 C 的影响，步距对其承载力稳定性影响较大，而立杆间距对承载力稳定性影响较小。

表 3.14　扣件转动刚度对承载力的影响

步距/m	立杆间距 （横向×纵向）/(m×m)	承载力均值/kN	标准差	变异系数	分布类型
1.5	1.2×1.2	26.222	1.236	0.047	正态分布
1.2	1.2×1.2	38.046	1.832	0.048	正态分布
1.2	1.0×1.0	38.528	2.084	0.054	正态分布
1.2	0.9×0.9	38.793	2.093	0.054	正态分布
0.9	1.2×1.2	60.963	4.204	0.069	正态分布
0.9	1.0×1.0	61.582	4.397	0.071	正态分布
0.9	0.9×0.9	62.202	4.482	0.072	正态分布

综上所述，在受某种单因素的作用下，对此体系承载性能影响机理均类似。当立杆纵、横向间距一定时，随着步距的减小，变异系数越来越大；同时，在步距一定时，随着立杆间距的减小，变异系数改变较大。因此，在某因素影响下，

其承载性能随着搭设参数不同而变化。

3.3.3 多种随机变量对承载力的影响

（1）双因素对其承载力的影响

图 3.19、图 3.20 分别为任意 2 个随机变量（即 D 和 E、D 和 C、D 和 t、E 和 t、E 和 C、C 和 t）在两种不同工况下的模板支撑体系承载力分布图，工况 1 搭设参数为 1.2 m×0.9 m×0.9 m，如图 3.19 所示，工况 2 搭设参数为 0.9 m× 0.9 m×0.9 m，如图 3.20 所示。

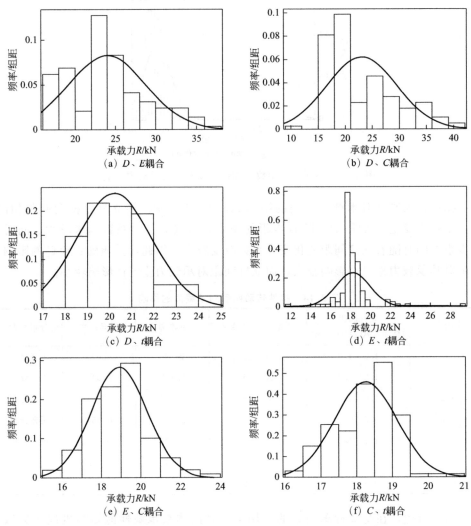

图 3.19　双因素耦合作用下模板支撑体系承载力分布图

（搭设参数 1.2 m×0.9 m×0.9 m）

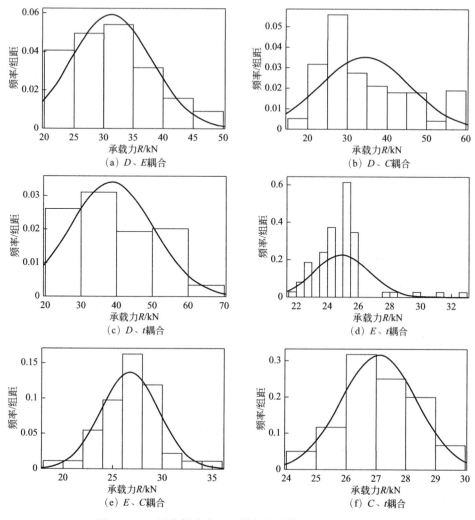

图 3.20　双因素耦合作用下模板支撑体系承载力分布图

（搭设参数 0.9 m×0.9 m×0.9 m）

从表 3.15 中可以看出，在任意一组双因素耦合作用下，当立杆的纵横向间距一定时，随着步距的减小，变异系数改变较大。而且，当 D 和 E 或 D 和 C 耦合时，变异系数相对较高。t 与其他因素耦合时，变异系数相关较低。因此，在双因素耦合的影响下变异系数不同，承载力分布较为离散，且 D、C 更分散。

表 3.15　双因素影响下计算承载力

耦合变量	步距/m	承载力均值/kN	标准差	变异系数
D、E	1.2	23.994	4.813	0.201
D、E	0.9	31.230	6.729	0.215

耦合变量	步距/m	承载力均值/kN	标准差	变异系数
D、C	1.2	23.078	6.425	0.278
D、C	0.9	34.478	11.292	0.327
D、t	1.2	20.209	1.181	0.058
D、t	0.9	38.524	1.971	0.051
E、t	1.2	18.236	1.704	0.093
E、t	0.9	24.919	3.097	0.124
E、C	1.2	18.910	1.409	0.074
E、C	0.9	26.743	2.909	0.109
C、t	1.2	18.261	0.850	0.047
C、t	0.9	27.103	1.265	0.047

（2）三因素耦合对其承载力的影响

由表 3.13 可以看出，D 相对于 t 来说，在任意两种双因素耦合作用时，其变异系数变化更大。由此为了进一步探讨三种不同因素耦合作用下对其体系承载性能的影响，从材料性能、截面几何属性、扣件约束功能的衰减及退化等三种角度选取三种随机变量（即 D、E 和 C），三因素耦合作用对体系承载力的变化分布图如图 3.21 所示。图 3.21(a) 搭设参数为 1.2 m×0.9 m×0.9 m，图 3.21(b) 搭设参数为 0.9 m×0.9 m×0.9 m。从图中可以看出，在此三种因素耦合作用下，当立杆的纵横向间距一定时，随着步距的减小，变异系数改变较大。

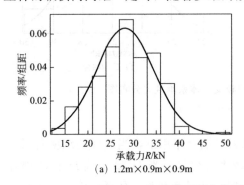

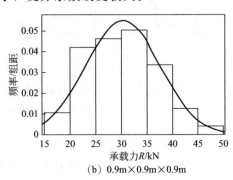

(a) 1.2m×0.9m×0.9m　　　　　(b) 0.9m×0.9m×0.9m

图 3.21　三种因素耦合作用下模板支撑体系承载力分布图

（3）四种因素耦合对其承载力影响

模板支撑体系下存在着诸多不确定性因素，且错综复杂，不仅仅是某个单一构造因素使其承载力的变化，而是诸多因素相互影响，相互促进，从而产生量变引起质变的过程，最终导致其承载力不足发生严重的事故。如图 3.22 所示，同时考虑 E、t、C 以及 D 共同作用下对承载力的影响。图 3.22(a) 为工况 1 即步距

1.5 m，立杆纵横向间距均为 1.2 m 条件下，承载力 R 在上述因素耦合作用下的概率分布图，依次类推对应 7 种工况。由图可知，R 均服从正态分布。

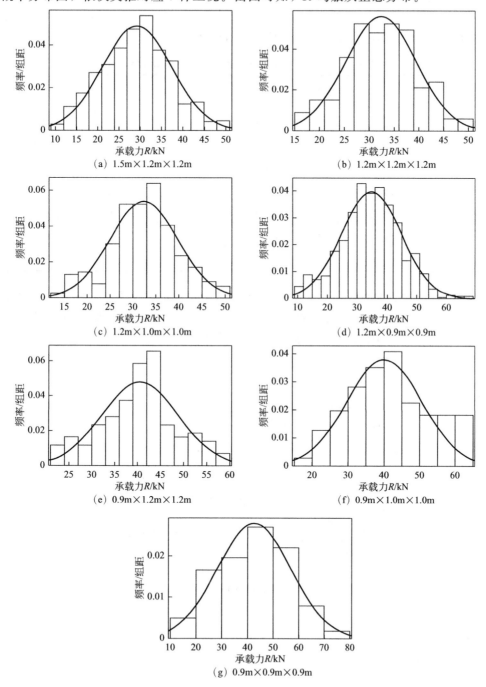

图 3.22　不同搭设参数下 4 种因素耦合作用对承载力分布图

不同搭设参数下 4 种因素耦合作用计算所得承载力结果如表 3.16 所示，当立杆间距均为 1.0 m 时，在四种因素的共同作用下随着步距的减小变异系数越大，即对其影响程度越大，承载力分布越分散；另外，与表 3.17 进行对比得出，在其他条件相同时，随着影响因素数量的增加变异系数越大。

表 3.16　不同搭设参数下 4 种因素计算所得承载力

步距/m	立杆间距 （横向×纵向）/(m×m)	承载力均值/kN	标准差	变异系数	分布类型
1.5	1.2×1.2	29.223	8.157	0.279	正态分布
1.2	1.2×1.2	32.366	7.128	0.220	正态分布
1.2	1.0×1.0	32.339	7.406	0.229	正态分布
1.2	0.9×0.9	34.747	10.045	0.289	正态分布
0.9	1.2×1.2	40.424	8.315	0.205	正态分布
0.9	1.0×1.0	40.136	10.496	0.262	正态分布
0.9	0.9×0.9	42.536	14.294	0.336	正态分布

图 3.23 为搭设参数为 0.9 m×0.9 m×0.9 m 时，从仅考虑一种因素到考虑 4 种因素影响下对体系承载力的影响情况。从图中可知，其承载力均近似服从正态分布。同时，随着构造因素的增加承载力的分布密度呈分散趋势，反之亦然。

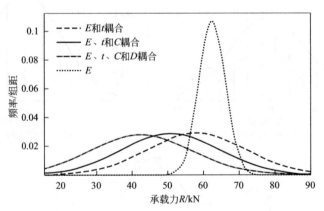

图 3.23　不同因素影响下承载力的分布图

表 3.17 为当搭设参数为 0.9 m×0.9 m×0.9 m 时不同种构造因素对承载力平均值的影响数据。从表中可知，随着考虑因素数量的增加承载力呈减小趋势，反之亦然。例如，当仅考虑随机变量 E 的影响，其承载力均值为 62.54kN；而同时考虑三种构造因素时，其承载力均值为 50.74kN。造成此种情况正是由于随着构造因素的增加，再加上施工等方面的影响导致不确定性越多，发生事故的概率越

大。因此四种构造因素初步认定是相互促进的，从而使其承载力逐渐减小。即随着构造因素的不确定性越多使承载力减小，进而增加事故风险发生的概率。

表 3.17　不同因素下模板支撑承载力均值

随机变量	承载力均值 R/kN
E	62.54
E、t	58.17
E、t、C	50.74
E、t、C、D	42.53

3.3.4　可靠度计算

《建筑施工扣件式钢管脚手架安全技术规范》（JGJ 130—2011）中给出了立杆不考虑组合风荷载时轴力设计值的计算公式。在此基础上，考虑抗力系数 $\varPhi$ 对公式（3.37）承载力的影响，由此得到结构极限状态方程（3.38）为

$$Z = \varPhi R - S = \varPhi \frac{\pi^2 EI}{(\mu h)^2} - (1.2 D_\mathrm{n} + 1.4 L_\mathrm{n}) \tag{3.38}$$

式中，D_n 为恒荷载；L_n 为活荷载。

据统计数据可知，活荷载较难预估，所以采取考虑活荷载与恒荷载比值方式计算可靠度指标。Zhang 等提到活恒比 $L_\mathrm{n}/D_\mathrm{n}$ 取值为 0.5～1.5，此例中 $L_\mathrm{n}/D_\mathrm{n}$ 均分别取 0.6、0.8、1.0、1.2、1.4。施工荷载包括恒荷载与活荷载。恒荷载 D_n 包括模板及支架的自重、钢筋混凝土自重等。活荷载 L_n 包括设备及人员自重、浇注混凝土产生的荷载等。如图 3.24 所示，将抗力系数 $\varPhi$ 值均分别取 0.7、0.8、0.9 时，对可靠度指标 β 的影响。从图中可知，可靠度指标 β 随着 $L_\mathrm{n}/D_\mathrm{n}$ 的增大而减小。同时，在相同搭设参数条件下，β 随着 $\varPhi$ 的增大而增大。

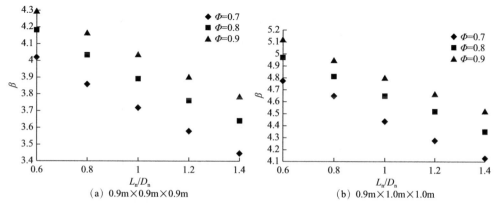

图 3.24

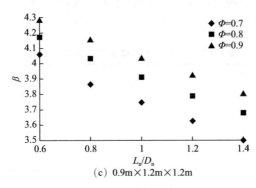

图 3.24　可靠度指标 β

表 3.18 为 $L_n/D_n=1.4$ 时，β 随着 Φ 的变化情况。由表可知，当搭设参数为 $0.9\,\mathrm{m}\times1.0\,\mathrm{m}\times1.0\,\mathrm{m}$ 时，Φ 分别取 0.7、0.9 所对应的 $\beta=4.13$、4.53。可知，相对来说 Φ 一定时搭设参数取为 $0.9\,\mathrm{m}\times1.0\,\mathrm{m}\times1.0\,\mathrm{m}$ 较为合理。得出在各种因素综合作用下，搭设参数对其承载性能影响较不显著。

表 3.18　可靠度指标 β ($L_n/D_n=1.4$)

搭设参数工况	β		
（步距×立杆间距）/m	$\Phi=0.7$	$\Phi=0.8$	$\Phi=0.9$
0.9×0.9×0.9	3.45	3.64	3.79
0.9×1.0×1.0	4.13	4.35	4.53
0.9×1.2×1.2	3.50	3.68	3.81

同时从图 3.25 可知，β 随着 Φ 的增大而增大。相对其他两种搭设参数，同条件下搭设参数为 $0.9\,\mathrm{m}\times1.0\,\mathrm{m}\times1.0\,\mathrm{m}$ 的 β 较大。由此，在选取搭设参数时，考虑 Φ 对模板支撑体系可靠度的影响是十分必要的。

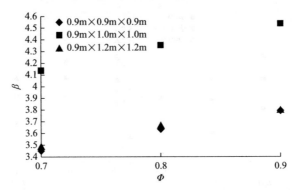

图 3.25　不同工况下稳定系数对可靠度指标的影响

3.4 本章小结

    本章主要在试验和理论模型的基础上，考虑构配件性能差异及扣件半刚性性质，选取对承载力影响较大的"钢管壁厚""钢材弹性模量""扣件转动刚度""钢管管径"作为主要不确定性因素，对不同搭设情况下的扣件式模板支撑体系承载力可靠度进行了计算和分析。模拟分析结果为：在考虑单一变量的影响下，当立杆纵横向间距一定时，变异系数随着步距的减小而增大。同时随着随机变量数量的增加，承载力均值减小且分布更离散，反之亦然。其中，扣件失效对其承载力影响尤为突出。在考虑活荷载不确定性的条件下，基于不同搭设参数工况的基础上，得出可靠性指标 β 随着活恒比 L_n/D_n 的增大而减小，β 随着 Φ 的增大而增大。对于要达到预期的 β，可以通过此方法用 Φ 值进行调整。在其他情况相同的前提下，搭设参数对承载力的可靠度并没有显著地影响。即便搭设参数设计有利，若实际选取的构配件，其性能与设计要求相差较多，也不一定能达到目标可靠度的要求。因此，在考虑搭设参数对其影响的同时，考虑构配件性能的随机性是更符合实际的。

第4章

施工期混凝土-模板支撑复合承载体系风险分析

4.1 风险识别方法

因从具体实际工程坍塌事故的项目建设全周期中设计、施工、管理等环节无法细化识别出各种风险或因案例的特殊性及唯一性，得到的事故发生原因较为笼统，因此从试验和理论计算的角度出发，分析较为常见且主要的风险因素，并得出其影响机理。同时，参考实际的坍塌事故报道及相关学术研究成果，为本章风险分析提供有力的依据。由于对荷载考虑不周、施工过程复杂、施工材料周转流动频繁，在混凝土-模板支撑工程的施工过程中确实产生了各种风险因素。从安全的角度出发，我们要辨识出工程中普遍且主要的风险因素，并展开风险评估，将风险可能造成的损失最小化。风险识别分析方法大体可分为两种：定量分析和定性分析。常见的风险识别方法如下：

1）专家调查法　它通过相关领域专家凭借个人认知来评估工程风险问题，作出预测，但不易得到一致结论。其优点在于充分发挥个人认知，不受他人影响。

2）层次分析法　它是一种定性、半定量的风险识别方法，通过把同层次的风险因素比较判断，进行各因素的权重计算，得出各层次的因素重要性排序，最后求解因素总排序。

3）事故树分析法　它分析了可能导致系统事故的各种因素，并根据工作流程和因果关系绘制出事故树，以确定系统故障原因的各种可能组合及发生概率，并提出提高系统的安全性和可靠性的措施。

4）工作分解-风险分解法　它分别分解工作和风险，并形成耦合矩阵辨识的方法。它把握工程项目的整体情况，也深入研究工程施工具体细节。

而在模板支撑工程风险识别中，由于设计、施工、管理等各种外在条件的异同，导致每种架体都独一无二。若对每种架体工程风险事故都加以分析，那是不现实且困难的。针对这种情况选择最合适的风险识别分析方法是颇为主要的，由此运用 WBS-RBS 法（工作分解树-风险分解树法）和 AHP 法（层次分析法）展开分析。通过此种方法识别出各类风险因素，对其采取措施加以控制与预防。

4.2 风险辨识方法的基本理论

4.2.1 WBS-RBS 法的理论

WBS-RBS 法是指分别分解工作和风险以获取 WBS（工作分解）树和 RBS（风险分解）树，并将两者交叉形成用于风险识别的耦合 RBM 矩阵的方法。其主要分为 3 个步骤：

（1）构建 WBS 树

WBS（工作分解）树即把项目逐层分解为若干个基本工作包。由于在混凝土-模板支撑工程中每个风险产生的原因随着施工步骤、周围环境等方面不同，且引起其各风险因素产生的可能性及损失亦不同。由此，施工风险因素宜结合施工步骤、施工特点等从单位工程、分部工程、分项工程的顺序将工作从繁化简依次分解为合适的基本工作包，如图 4.1 所示。

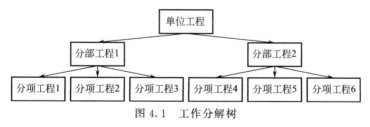

图 4.1　工作分解树

（2）构建 RBS 树

风险辨识是在建立 WBS 树的基础上，针对各子工作包分析可能存在的风险源，并将其从内、外两种角度进行详细分解，得到基本风险因素，最后把各基本风险因素组合形成风险分解树，如图 4.2 所示。

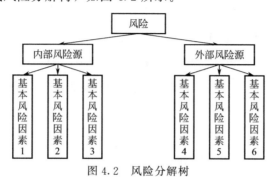

图 4.2　风险分解树

（3）建立 RBM 矩阵辨识风险

在此基础上，将基本工作包为列向量，基本风险因素为行向量，得到风险耦合 RBM 矩阵，如表 4.1 所示。风险识别过程是判断某一基本工作是否存在该风险因素，若存在则记为 1，不存在则记为 0。

表 4.1　RBM 矩阵

项目	W_{11}	W_{21}	...
R_{11}	1	0	...
R_{21}	0	1	...
...	...	...	...

4.2.2　AHP 法基本原理

层次分析法是指将一个复杂的目标简化分解为多个目标，并计算权重的方法。其主要划分为五大步骤：

1）建立风险评价模型　根据各风险相互之间的关系，将其分为三个层次。

2）构建判断矩阵　在同一层次下，根据专家打分法对各因素相对重要性给出判断。其同层次下两两因素间重要性评价标准见表 4.2。

表 4.2　评价标准表

标度	定义	标度	定义
1	i 元素与 j 元素相同重要	9	i 元素比 j 元素绝对重要
3	i 元素比 j 元素略重要	2，4，6，8	为以上两两判断之间的中间状态值
5	i 元素比 j 元素比较重要	倒数	i 元素与 j 元素有 $B_{ij} \times B_{ji} = 1$
7	i 元素比 j 元素非常重要		

3）层次单排序　采用方根法计算其特征根及特征向量，其计算步骤如下。

① 计算判断矩阵 B 每行元素的乘积 M_i，公式（4.1）如下：

$$M_i = \prod_{j=1}^{n} b_{ij} \quad (i=1, 2, \cdots, n) \tag{4.1}$$

② 计算 M_i 的 n 次方根 $\overline{W}_i$，见公式（4.2）：

$$\overline{W}_i = \sqrt[n]{M_i} \quad (i=1, 2, \cdots, n) \tag{4.2}$$

③ 对向量 $\overline{W}_i = (\overline{W}_1, \overline{W}_2, \cdots, \overline{W}_n)^T$ 进行归一化处理 W_i，则 $W = (W_1, W_2, \cdots, W_n)^T$ 为所求的特征向量，如式（4.3）：

$$W_i = \frac{\overline{W}_i}{\sum_{j=1}^{n} \overline{W}_j} \quad (i=1, 2, \cdots, n) \tag{4.3}$$

④ 计算式（4.4）最大特征根 $\lambda_{\max}$，式中 $(BW)_i$ 表示向量 BW 的第 i 个元素。

$$\lambda_{\max} = \frac{1}{n} \sum_{i=1}^{n} \frac{(BW)_i}{W_i} \tag{4.4}$$

4）层次总排序　根据层次单排序结果计算得出各因素的权重值，并进行排序。

5）一致性验收　根据式（4.6）随机一致性指标 CR 验收各判断矩阵是否满足要求，即当 CR≤0 时，满足一致性要求；否则需要调整判断矩阵，直至满足要求。式中 RI 取值见表 4.3。

$$CI = \frac{\lambda_{\max} - n}{n - 1} \tag{4.5}$$

$$CR = \frac{CI}{RI} \tag{4.6}$$

表 4.3　RI 取值

阶数	1	2	3	4	5	6	7	8
RI	0.00	0.00	0.58	0.90	1.12	1.24	1.32	1.41

4.3　运用 WBS-RBS 法和 AHP 法分析稳定性影响因素

4.3.1　MSCFCS 风险识别

随着经济快速发展，城市规模不断壮大，大量的高层及超高层建筑不断涌现。同时，为了加快施工进度、缩短工期、节约成本，在钢筋混凝土结构施工过程中，下层甚至多层混凝土主体结构没有按照规定的养护时间达到设计强度要求时就开始进行上层主体结构施工的方式已经成为一种发展趋势。因此，多层模板支撑体系得到广泛的应用。

在施工过程中，多层的模板、钢管支撑架及不同龄期混凝土共同组成了一种临时复合承载体系。其结构特征、材料性能、受力状态等具有很大的空间变异性及随施工过程推进而发生更改的时变特性。此外，由于模板支撑体系在整个服役期内，需要被反复搭设、使用、拆除、运输和存放。在此过程中，扣件和钢管将产生磨损、锈蚀、变形及损伤，这必将导致各构配件材料性能、截面几何属性、扣件约束功能的衰减及退化，且同一施工项目中使用的模板支撑构配件，个体性能存在极大差异。同时，现场施工人员存在专业水平参差不齐、安全意识薄弱、管理人员安全知识匮乏、安全管理水平低下等现象。以上因素均可能导致施工过程中此多层混凝土-模板支撑复合承载体系出现上部混凝土构件开裂、破坏、挠度过大，下部模板支撑架局部失稳甚至整体倒塌等诸多问题。由于对该复合承载体系施工期内结构性能时空变化规律缺乏全面清晰的认识，对施工荷载的"时序异步性""空间随机性"缺少系统的研究以及对施工期过程管理及风险控制缺乏有效应对措施，导致了多层混凝土-模板支撑复合承载体系（MSCFCS）在施工期内频繁发生严重倒塌事故，造成重大人员伤亡和财产损失。因此，应将施工期的MSCFCS视为整个混凝土建筑的子结构，采用系统的观点，以子结构的整体承载能力为目标，利用 WBS-RBS 技术识别可能引发 MSCFCS 发生失效破坏的各种风险因素。在此基础上，利用层次分析法，建立 MSCFCS 施工风险层次结构模型，对各风险因素进行归纳、评价，对其整体风险进行评估。在此基础上，提出切实可行的改进和优化措施，以便对钢筋混凝土建筑结构施工期风险进行有效控制。

由于此多层混凝土-模板支撑复合承载体系属于时变性临时结构，其存在的风险因素错综复杂，再加上人为过失方面的影响，使得安全问题时而发生。据不完全统计，2011—2016 年模板支撑体系坍塌事故发生率和死亡率分别占 30.38％和 33.55％。因此，对其展开风险辨识和评估，辨析重要风险因素是至关重要的。通过结合专家调查及工程实测资料，识别出施工过程中影响混凝土结构承载性能、引起混凝土构件开裂、影响模板支撑架及 MSCFCS 整体稳定性的各因素及风险。建立相应的指标评价体系及施工风险层次结构模型。提出科学、合理、有效的风险控制措施，用以指导实际工程。

4.3.2 WBS-RBS 进行风险辨识

根据工作分解原理，将该工程主要分为六大基本工作。如图 4.3 所示，第一级可将混凝土-模板支撑工程 W 项目工作分解为两个子工作 W_1 和 W_2，第二级将子工作进一步分解为六个基本活动，即搭设方案设计 W_{11}、施工准备 W_{12}、模板搭设安装 W_{13}、拆除模板 W_{14}、混凝土浇筑 W_{21}、养护 W_{22} 等 6 方面基本工作包。

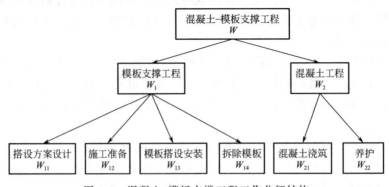

图 4.3 混凝土-模板支撑工程工作分解结构

混凝土-模板支撑工程是一个复杂的过程，从设计方案、材料、搭设、拆除、浇筑以及管理等各环节期间存在着很多不确定性因素对其施工及人员生命存在安全隐患。因此，从风险源角度着手，采用 RBS 方法分析每个基本工作包可能存在的风险因素。根据实际工程主要施工步骤发生风险事件的频数以及以往学者分析相关领域坍塌事故原因，将施工作业风险分为 6 大类一级风险：设计荷载风险 R_1、搭设风险 R_2、材料风险 R_3、拆除风险 R_4、管理风险 R_5、混凝土浇筑风险 R_6，与此同时进一步将各一级风险细分形成风险分解树，如图 4.4 所示。例如，依据实际施工现场情况，在混凝土浇筑施工工艺过程中可能存在局部堆积较大施工设备和建筑材料、未按照正确的浇筑顺序随意施工、未待混凝土达到规定强度时过早拆模进行后续工作等现象。由此，在混凝土浇筑 W_{21} 和养护 W_{22} 中存在混凝土浇筑风险 R_6，而 R_6 可进一步细分为三种基本风险因素，依次为局部荷载失控 R_{61}、拆模时间过短 R_{62} 以及未按正确浇筑顺序施工 R_{63}，以此类推最终得到 14 种基本风险因素。

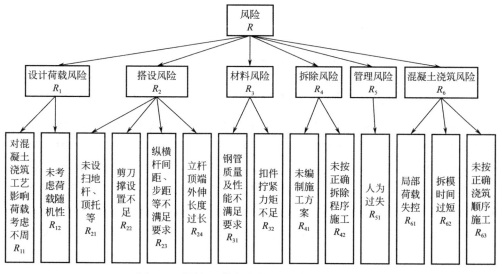

图 4.4　混凝土-模板支撑工程风险分解结构

以 WBS 法分解得到的基本工作包为列，以 RBS 分解得到的基本风险因素为行，构成耦合 RBM 矩阵。通过判断某一基本风险因素在指定的基本工作包中是否存在，最终得出混凝土-模板支撑工程耦合 RBM 矩阵，见表 4.4 所示。以基本风险因素中扣件拧紧力矩不足 R_{32} 为例，其分别存在于施工准备 W_{12} 和模板搭设安装 W_{13} 基本工作包中。

表 4.4　耦合 RBM 矩阵

项目	W_{11}	W_{12}	W_{13}	W_{14}	W_{21}	W_{22}
R_{11}	1	0	0	0	0	0
R_{12}	1	0	0	0	0	0

项目	W_{11}	W_{12}	W_{13}	W_{14}	W_{21}	W_{22}
R_{21}	0	0	1	0	0	0
R_{22}	0	0	1	0	0	0
R_{23}	0	0	1	0	0	0
R_{24}	0	0	1	0	0	0
R_{31}	0	1	0	0	0	0
R_{32}	0	1	1	0	0	0
R_{41}	0	0	0	1	0	0
R_{42}	0	0	0	1	0	0
R_{51}	1	1	1	1	1	1
R_{61}	0	0	0	0	1	1
R_{62}	0	0	0	0	0	1
R_{63}	0	0	0	0	1	0

4.3.3 构建判断矩阵与风险评估

在此基础上，根据在此领域从事多年研究的沈阳建筑大学与铁道第三勘察设计院的专家学者共 5 人进行调查问卷打分，得出判断矩阵依次为 $W-R_i$、$W_{11}-R_{ij}$、$W_{12}-R_{ij}$、$W_{13}-R_{ij}$、$W_{14}-R_{ij}$、$W_{21}-R_{ij}$、$W_{22}-R_{ij}$，其中判断矩阵 $W-R_i$ 为六大类一级风险的在整个过程中各风险因素的重要程度；以 W_{11} 为例所对应的判断矩阵 $W_{11}-R_{ij}$ 存在的风险因素包括 R_{11}、R_{12} 和 R_{51} 各风险因素在 W_{11} 工作步骤中的重要程度，依此类推得到六大基本工作步骤所存在的不同风险的重要程度，即

$$W-R_i = \begin{bmatrix} 1 & \dfrac{1}{3} & \dfrac{1}{5} & \dfrac{1}{4} & \dfrac{1}{7} & \dfrac{1}{9} \\ 3 & 1 & \dfrac{1}{3} & 2 & \dfrac{1}{5} & \dfrac{1}{7} \\ 5 & 3 & 1 & 2 & \dfrac{1}{2} & \dfrac{1}{5} \\ 4 & \dfrac{1}{2} & \dfrac{1}{2} & 1 & \dfrac{1}{3} & \dfrac{1}{7} \\ 7 & 5 & 2 & 3 & 1 & \dfrac{1}{5} \\ 9 & 7 & 5 & 5 & 5 & 1 \end{bmatrix}, \quad W_{11}-R_{ij} = \begin{bmatrix} 1 & \dfrac{1}{2} & \dfrac{1}{7} \\ 2 & 1 & \dfrac{1}{9} \\ 7 & 9 & 1 \end{bmatrix}$$

$$W_{12}-R_{ij}=\begin{bmatrix} 1 & 5 & 5 \\ \dfrac{1}{5} & 1 & 1 \\ \dfrac{1}{5} & 1 & 1 \end{bmatrix}, \quad W_{13}-R_{ij}=\begin{bmatrix} 1 & \dfrac{1}{2} & 3 & 3 & \dfrac{1}{5} & \dfrac{1}{6} \\ 2 & 1 & 3 & 3 & \dfrac{1}{5} & \dfrac{1}{6} \\ \dfrac{1}{3} & \dfrac{1}{3} & 1 & 1 & \dfrac{1}{7} & \dfrac{1}{9} \\ \dfrac{1}{3} & \dfrac{1}{3} & 1 & 1 & \dfrac{1}{7} & \dfrac{1}{9} \\ 5 & 5 & 7 & 7 & 1 & \dfrac{1}{3} \\ 6 & 6 & 9 & 9 & 3 & 1 \end{bmatrix}$$

$$W_{14}-R_{ij}=\begin{bmatrix} 1 & \dfrac{1}{4} & \dfrac{1}{3} \\ 4 & 1 & 3 \\ 3 & \dfrac{1}{3} & 1 \end{bmatrix}, \quad W_{21}-R_{ij}=\begin{bmatrix} 1 & \dfrac{1}{3} & \dfrac{1}{5} \\ 3 & 1 & \dfrac{1}{3} \\ 5 & 3 & 1 \end{bmatrix}, \quad W_{22}-R_{ij}=\begin{bmatrix} 1 & 3 & \dfrac{1}{5} \\ \dfrac{1}{3} & 1 & \dfrac{1}{7} \\ 5 & 7 & 1 \end{bmatrix}$$

4.4 风险评价

风险评估可根据风险度理论计算风险度间接体现其重要性，而风险度 F 的基本公式（4.7）是风险指数向量 R 与风险权重向量 W 的乘积。即：

$$F=W \cdot R \tag{4.7}$$

其中，

$$R=P \cdot Q \tag{4.8}$$

通过参考表 4.5 和表 4.6 采用专家打分法对每个基本风险因素给出相应发生风险可能性 P 与损失程度 Q 值，最后整理数据见表 4.7 所示。基本风险因素中人为过失 R_{51}、未按正确浇筑顺序施工 R_{63} 以及扣件拧紧力矩不足 R_{32} 的风险指数向量 R 值较高。

表 4.5　风险发生概率等级与估值

等级	描述	概率范围	估值
1	极少	0～0.2	0 或 1
2	很少	0.2～0.4	2 或 3
3	偶尔	0.4～0.6	4 或 5
4	可能	0.6～0.8	6 或 7
5	频繁	0.8～1	8 或 9

表 4.6　风险后果等级与估值

等级（后果）	后果描述	估值
1（忽略）	无人员死亡或直接经济损失 50 万元以下	1
2（一般）	可能 3 人以下死亡或直接经济损失 50 万～100 万元	2
3（严重）	可能 3～10 人死亡或直接经济损失 100 万～500 万元	3
4（非常严重）	可能 10～50 人死亡或直接经济损失 500 万～1000 万元	4
5（灾难）	可能 50 人以上死亡或直接经济损失 1000 万元以上	5

表 4.7　风险指数值

风险因素	可能性 P	损失程度 Q	风险指数向量 R
R_{11}	2	3	6
R_{12}	3	2	6
R_{21}	7	3	21
R_{22}	6	4	24
R_{23}	4	3	12
R_{24}	4	2	8
R_{31}	6	4	24
R_{32}	7	4	28
R_{41}	2	5	10
R_{42}	6	4	24
R_{51}	8	4	32
R_{61}	6	4	24
R_{62}	5	5	25
R_{63}	7	4	28

　　鉴于 WBS-RBS 法中风险分解原理符合 AHP 法层次分解，所以采用 AHP 法求得风险权重向量 W，并且利用 Excel 软件根据方根法中各公式计算各判断矩阵，得出其层次单排序数据如表 4.8 所示，表中各判断矩阵随机一致性指标 CR 均小于 0.1 满足一致性要求。

表 4.8　判断矩阵计算结果

判断矩阵	最大特征值 λ_{max}	风险权重向量 W	CR
$W-R_i$	6.40	（0.03、0.07、0.13、0.07、0.20、0.5）	0.065
$W_{11}-R_{ij}$	3.10	（0.17、0.17、0.66）	0.000
$W_{12}-R_{ij}$	3.00	（0.72、0.14、0.14）	0.000

判断矩阵	最大特征值 λ_{max}	风险权重向量 W	CR
$W_{13}-R_{ij}$	6.26	(0.08、0.10、0.04、0.03、0.28、0.47)	0.042
$W_{14}-R_{ij}$	3.07	(0.12、0.61、0.27)	0.063
$W_{21}-R_{ij}$	3.04	(0.10、0.26、0.64)	0.033
$W_{22}-R_{ij}$	3.06	(0.19、0.08、0.73)	0.056

以模板搭设安装工作 W_{13}（表 4.9）为例：W_{13} 的基本风险因素包括未设扫地杆、顶托等 R_{21}，剪刀撑设置不足 R_{22}，纵横杆间距、步距等不满足要求 R_{23}，立杆顶端外伸长度过长 R_{24}，扣件拧紧力矩不足 R_{32}，人为过失 R_{51}，这六种基本风险因素所对应的风险权重向量 W 为 0.08、0.10、0.04、0.03、0.28、0.47；其风险指数向量 R 依次为 21、24、12、8、28、32；根据公式（4.7）和公式（4.8），将各因素的 W 和 R 依次相乘求和即得到基本工作包 W_{13} 总风险度 F 值，计算结果如下：

$$F=0.08\times21+0.10\times24+0.04\times12+0.03\times8+0.28\times28+0.47\times32=27.68$$

最终得出各基本工作包的总风险度 F 值，如表 4.10 所示。相对来说 W_{13} 和 W_{21} 存在的风险较大，模板搭设质量是施工的基石，搭设的好坏直接影响到此体系承载性能的大小；混凝土浇筑作业也是坍塌事故频发段，与实际施工情况吻合。由此，对于风险度较大的工作所可能存在的关键因素应予以高度重视，加强管理。重点工作中风险度较大的风险因素更是重中之重，要加强管理、提出解决对策。例如表 4.9 工作 W_{13} 中各基本风险因素风险度大小排序为 $R_{51}>R_{32}>R_{22}>R_{21}>R_{23}>R_{24}$，对于扣件拧紧力矩不足 R_{32} 采取控制措施：一方面加强扣件进场时质量管理；另一方面搭设过程中架子工使用配套扳手拧紧扣件。当然，对于风险度较小的工作对工程安全影响不大，但我们也不能存在侥幸心理，针对各项工作中风险因素仍要加强风险防范。

表 4.9　W_{13} 风险结果

基本工作包	R_{21}	R_{22}	R_{23}	R_{24}	R_{32}	R_{51}
W	0.08	0.10	0.04	0.03	0.28	0.47
R	21	24	12	8	28	32
F	1.68	2.4	0.48	0.24	7.84	15.04

表 4.10　基本工作包的风险度汇总表

基本工作包	W_{11}	W_{12}	W_{13}	W_{14}	W_{21}	W_{22}
F	23.16	25.68	27.68	24.48	27.36	26.25

由于整个项目存在的因素是错综复杂的，某些因素不仅仅只存在于某项工作

中，可能共同存在于多项工作。由此，计算得出各基本风险因素在整个项目评价体系中风险权重向量 W 和总风险度 F，并排序，如表 4.11 所示。由表可知，各基本风险因素其影响程度从大到小依次为：拆模时间过短 R_{62}，人为过失 R_{51}，未按正确浇筑顺序施工 R_{63}，局部荷载失控 R_{61}，扣件拧紧力矩不足 R_{32}，钢管质量及性能等不满足要求 R_{31}，未按正确拆除程序施工 R_{42}，剪刀撑设置不足 R_{22}，未设扫地杆、顶托等 R_{21}，未编制施工方案 R_{41}，纵横杆间距、步距等不满足要求 R_{23}，对混凝土浇筑工艺影响荷载考虑不周 R_{11}，未考虑荷载随机性 R_{12}。其中 R_{62} 和 R_{51} 风险较大，需着重采取控制措施，并制定应急预案。从总体结果来看，其中基本工作包 W_{21} 存在的拆模时间过短 R_{62} 造成的不良影响较大，施工中不能为了赶工期或其他原因而缩短最低拆模时间，使得混凝土强度未达到规定设计强度而发生坍塌事故，造成恶劣的影响以及人员的伤亡。另外调查数据表明绝大多数坍塌事故均发生在混凝土浇筑期间，其中人为过失 R_{51}、未按正确浇筑顺序施工 R_{63}、局部荷载失控 R_{61}、扣件拧紧力矩不足 R_{32}、钢管质量及性能等不满足要求 R_{31} 等风险因素也是过程中极易存在的。事故易发生在混凝土浇筑过程中，但究其原因仍与设计缺陷、施工缺陷等方面是密不可分的。其原因一方面架体上材料集中局部堆积，浇筑工艺不正确造成直接坍塌，另一方面在泵管冲击动力作用下导致部分扣件失效，再加上钢管质量不好、搭设质量不满足要求以及设计考虑不周而间接发生危险。风险评估的结论与实际现场情况相符合。

表 4.11　基本风险因素的总风险度汇总表

项目	W	R	F	排序
R_{11}	0.0051	6	0.0306	13
R_{12}	0.0051	6	0.0306	13
R_{21}	0.0104	21	0.2184	9
R_{22}	0.0130	24	0.312	8
R_{23}	0.0052	12	0.0624	11
R_{24}	0.0039	8	0.0312	12
R_{31}	0.0504	24	1.2096	6
R_{32}	0.0462	28	1.2936	5
R_{41}	0.0084	10	0.084	10
R_{42}	0.0427	24	1.0248	7
R_{51}	0.2246	32	7.1872	2
R_{61}	0.092	24	2.208	4
R_{62}	0.365	25	9.125	1
R_{63}	0.128	28	3.584	3

为避免类似事件发生，事前控制是最有效的控制方式。如施工单位应加强对材料方面的管理，定期检查质量不满足条件的材料不允许用于施工；同时加强对人员思想和素质教育，加强安全意识和技术的培训。另外监理、建设、设计单位也应各司其职，守好最后一道防线。监理单位应事前在现场认真检查，对不合格点要求施工单位及时整改；建设单位不能为进度而不顾工程质量对施工单位施压催促施工；设计单位应充分考虑荷载的随机不定性而设计方案。事前、事中、事后各时期各单位应最大限度做好控制及应急工作，尽可能减少事故发生，为将危险最小化而共同努力。通过对混凝土-模板支撑工程进行风险分析，有助于管理人员得知关键风险因素，并且有针对性提出应对措施，减小安全事故的发生。

4.5　本章小结

本章主要探讨混凝土-模板支撑工程存在的 14 种风险因素对其承载性能的影响程度。首先，运用 WBS-RBS 法将混凝土-模板支撑工程分解为 6 项工作：搭设方案设计、施工准备、模板搭设安装、拆除模板、混凝土浇筑和混凝土养护。随后根据实际工程主要施工步骤发生风险事件的频数以及以往学者分析相关领域坍塌事故原因，将施工作业风险分为 6 大类一级风险：设计荷载风险、搭设风险、材料风险、拆除风险、管理风险、混凝土浇筑风险，最终得到 14 种基本风险因素。其次，与 AHP 法相结合计算出风险权重向量，根据风险度理论进行风险评估；最后，结果表明模板搭设安装 W_{13} 和混凝土浇筑 W_{21} 总风险度较大，是重点需要注意的工作。考虑整个工程中各项工作总风险因素，计算得出其影响程度从大到小依次为：R_{62}、R_{51}、R_{63}、R_{61}、R_{32}、R_{31}、R_{42}、R_{22}、R_{21}、R_{41}、R_{23}、R_{11}、R_{12}。根据得出较大的基本风险因素我们应着重采取控制措施，并制定应急预案。当然，虽然风险度较小的因素对工程安全影响不大，但是我们也不能存在侥幸心理，仍要加强风险防范意识。

第 5 章

施工期混凝土-模板支撑复合承载体系风险控制措施

在前几章，从试验研究和理论计算方面将高大模板支撑体系施工过程中存在的各种潜在风险因素对其体系承载力的影响展开详细探讨，并在风险分析章节中根据工程特点、施工工序将施工风险分为六大类一级风险，得出各种风险因素均或多或少对其承载力产生不同程度影响的结论。为此，应针对潜在的各种风险因素，制定实用的控制措施，减少风险损失与危害，确保工程安全。

模板支撑体系施工风险贯穿于设计、施工和管理环节。其内容包括多且不具体，容易引发连锁反应，危害性大。为降低风险，在施工过程中需要根据其特点进行风险的识别、分析和控制，在萌芽阶段将风险消灭。

基于以上研究和施工现场的实际情况，本章从设计、施工和管理三个方面提出模板支撑体系施工安全的风险控制措施。

5.1 风险问题

5.1.1 设计问题

方案的设计对于下一步的实际施工非常重要。只有提供一份符合本次工程的方案，才能给予施工有力的保障。设计方案相对于施工来说是基础，也是根本内容。实际中，在没有符合实际施工且完善的设计方案情况下，施工过程中很可能会发生安全事故。设计问题通常包括：

① 由于设计计算误差和模板支撑体系承载力的计算不足，在施工期间架体所受到的外力超出了其极限承载值，发生结构的局部或整体变形、失稳，进而引发倒塌事故，造成严重的人员伤亡和财产损失。

② 在设计方案初期，未充分考虑到诸如荷载变化构配件性能退化等因素，而恰恰使得模板支撑体系的承载能力不能满足施工要求，当受到瞬间冲击时，导致架体的局部扣件失效、立杆弯曲变形等，进而造成整个体系不稳定，并且可能会塌陷。

③ 目前，虽然已经有了相关的设计规范，但是，一方面设计规范仍不够细化、不完善，比如我国《建筑施工扣件式钢管脚手架安全技术规范》JGJ 130—2011 中有关高宽比较小的设计内容并不完善，不能为实际应用提供充分的参考；另一方面，在实际的方案设计过程中，施工荷载和其他问题的实际分析给工程安全带来了一定的风险，事实上，正是因为还有人不严格遵守相关的规范，也没有与相类似工程的施工相结合完成设计工作，才导致实际的设计方案出现问题。

④ 前期设计阶段，设计人员因设计计算模型采用不当、对混凝土浇筑工艺影响荷载考虑不周、未按最不利情况进行荷载组合等因素，在实际计算过程中采用放大安全系数等估算方式以计算静态承载力来模拟整个动态承载。这种较为粗略模拟的过程，是未充分考虑荷载随机性的具体体现。对此，何芳东分析了模板支撑体系坍塌事故发生时作业状况，发现 97.52% 的事故发生在混凝土浇筑阶段，发生其他施工阶段占 2.48%。造成坍塌事故发生的原因可能是前期对方案设计和荷载考虑不周，后期施工过程管理松懈加大了模板支撑体系坍塌的可能性。

5.1.2　施工问题

虽然事故的发生与设计、施工和管理等方面问题均有关系，然而绝大多数事故其主要责任方都是施工问题。规划是施工的前提，工程水平依赖于施工和管理水平。普遍认为施工是质量控制的关键和基础。但是，受许多不可控因素的影响，在施工期间可能会发生许多意想不到的事件。这要求我们正确地掌握施工技术，端正态度，对自己负责，同时也对他人负责。为了提高施工质量并确保施工安全，每个人都必须充分认识到原则和管理态度的重要性。

在模板支撑体系安装过程中，虽然设计规定了重要的参数，如立杆纵、横向间距、步距及扣件转动刚度等，然而施工期间，可能因时间有限，工人无法使用工具、仪器实测整改。从理论上讲，必然会导致架体承载能力与设计值的偏差。当工人出现施工差错时，其承载性能将大大降低，留下重大的安全隐患。由于我国建筑行业中此工程体量巨大，无法获得详细的数据，从宏观上了解其统计特性，只能随机抽取实测数据加以分析，再加上人员的施工误差，而这些误差在施工中是不可避免的。这导致了人为错误发生的可能性比一般行业都要高得多。国内众多学者通过现场调查发现模板工程中常见的人为错误包括：

① 扣件拧紧力矩不足；

② 剪刀撑、扫地杆设置缺失、遗漏；

③ 未按方案施工而随意搭设立杆纵、横向间距和步距；

④ 未编制模板拆除方案，便进行拆除作业且违反拆除作业顺序和方法；

⑤ 模板搭设及拆除过程中存在使用重锤等具有破坏性工具，使得模板弯曲变形，而且未采取修复措施继续使用等。

5.1.3　管理问题

① 施工中使用的钢管、扣件等材料存在严重的质量问题，为模板支撑体系施工留下极大的安全风险。模板支撑体系钢管设计尺寸要求 $\phi48.3\ mm \times 3.6\ mm$，然而由于缺乏切实可行的市场管理，导致大量不满足要求的材料流入建筑行业，再加上多次反复周转使用，造成施工现场的构配件尺寸不能满足设计标准要求。而且，这些材料使用时间长久，且缺乏维修和更换。材料产生磨损、风化以及变形，这必将导致各构配件材料性能、截面几何属性、扣件约束功能的衰减及退化，且同一施工项目中使用的模板支撑构配件，个体性能存在极大差异。因此，这些材料将严重影响模板支撑体系的正常承载性能，使得材料问题成为模板坍塌事故发生的主要潜在因素之一。

② 工作超前，方案或技术交底滞后，而且方案未按规范进行编制或仅是从某些渠道复制粘贴相关规范，未结合实际工程概况编制，使其方案未起到指导施工作用。

③ 架子工流动性很大，难以进行统一培训和安全教育，部分架子工没有架子工证。

④ 架子工存在"差不多或将就"的思想，根据其积累的经验来随意搭设。

⑤ 班组之间缺乏沟通协作。

⑥ 未严格按专项施工方案要求的浇筑顺序施工，混凝土浇筑随意。

⑦ 部分施工现场项目监管人员及监理人员监督不到位，验收审批流于形式。

对于以上分析和施工现场的实际情况存在的问题，我们不能存有侥幸心理，不能因为问题小到不足以引发事故而轻视。事故通常都是由一个个潜在的小问题随着时间的推移而不断耦合作用所引发。因此，在本书理论及试验研究的基础上，从设计、施工和管理三个方面提出模板支撑体系施工安全的风险控制措施。

5.2　风险因素管控措施

5.2.1　设计措施

首先，前期要保证勘察人员提供的报告真实详细，因为在实际勘察的过程中存在一些施工人员随意选择点位探勘，不选择施工难度较大且不方便勘探的点，而往往此种点易出现风险，一些勘察人员甚至提供部分虚假信息，从而应付了事，这是极其不负责任的行为，进而误导设计人员提供较不合适的方案。

其次，在保证勘察报告真实详细的基础上，设计人员不仅要熟悉掌握地勘报告中的主要信息，而且应亲自来现场踏勘。现场踏勘有利于设计人员对现场及周边情况有更多的了解，通过现场情况与施工设计进行对比，发现潜在问题，把握施工条件，从风险规避的角度出发并提出解决对策。

最后，加强此领域学术研究，分别从理论计算及模型简化、荷载试验、活荷载和可靠度等方面展开进一步研究，提出更加合理、完善、详细的设计原则及相关规范，其中相关设计规范的完善工作这是极其重要的。多年来我国模板支撑体系坍塌事故占工程事故的1/3左右，近几年虽有下降趋势，而坍塌事故仍是时而发生，原因之一便是我国相关的设计规范仍不完善。设计时主要以静力计算其架体的承载性能，并通过调整安全系数的方式来保证其可靠性。但从系统动力学的角度分析，实际施工中架体受到的冲击力是很难以增强安全系数的方式而被替代。原因是动力学计算复杂，施工活荷载的预估往往与实际不同，且常以均布荷载为准，然而实际荷载通常较为集中且偏心。但是在设计模板支撑体系时，通常会忽略这些因素，成为事故的潜在导火索。综上所述，必须选择符合实际的简化模型，并充分考虑实际荷载，在荷载简化方面进一步的研究和创新。所以，这需要我国学者及相关人员付出心血努力研究。

通过第3章对基于两种理论模型建立的立杆可靠度进行分析计算可知，可靠性指标 β 随着活恒比 L_n/D_n 的增大而减小，β 随着抗力系数 Φ 的增大而增大。对于要达到预期的 β，可以通过此方法用 Φ 值进行调整。在有侧移半刚性连接框架理论柱模型对模板支撑体系立杆进行设计时，抗力系数 Φ 较为合适的取值为0.9，相应的活恒比不应大于0.9。即建议以此作为参考值，当超过范围时，视为架体存在坍塌风险，不允许施工，施工方必须进行整改。当调整后仍未满足要求时，基于目前条件下，在施工前施工方相关负责人需与设计人员及时交圈，提供较为实际的施工部署及相关荷载数据，设计人员在此基础上进行重新验算。若发现相关指标不满足要求时，及时重新调整设计方案，最大限度避免风险。同理，在基于其他模型理论计算时，也可以使用类似的方法进行设计及验算，选取合适的抗力系数、各项荷载系数及相关荷载取值，在较为符合实际的情况下保证其体系承载性能满足预期的可靠度。

5.2.2　施工措施

首先，针对施工现场的实际情况，要先保证工具齐全和机械设备布置合理。只有工具齐全且配套，可以满足工人的使用需求，才能进一步开展并落实自检工作。模板的搭设质量直接关系着其承载性能的大小，当材料的质量、模板的设置、施工机械设备的布置等各方面出现问题时，模板支撑体系的承载力极大降低，易引发架体失稳，最终发生坍塌事故。所以，施工单位在材料和施工部署方面必须加强管控。在施工前期，编制合理的方案，包括并不局限于设置剪刀撑、扫地杆、脚手板等构配件及合理摆放架体材料及设备，特别是材料堆积和布料机布置的四周要求将立杆和剪刀撑进行加密。当材料及设备堆积荷载超过 $1.0\ kN/m^2$ 且水平杆的轴线对立杆轴线的偏心距大于 55 mm 时，建议视为存在偏心荷载。材料堆放遵循分散、对称原则，避免集中堆放而出现施工活荷载过大且偏心情形。同时，相关检查工作也要落实到位。在施工过程中，做好关键工序检查工作。施工人员使用配套的仪器、工具，对扣件的拧紧力矩、钢管的管径、壁厚等性能数据进行抽查。由第 3 章理论计算可知，钢管管径及扣件转动刚度对其承载性能影响较大，应着重检查，在检查过程中，建议要求管径不得少于 47.8 mm，扣件转动刚度不得小于 17.77 kN·m/rad。只有落实检查工作，并对于不满足规范要求的材料、设备采取修复或退场的处理，安全才能得到更好的保障。

其次，要求必须由持有建筑施工特种作业操作证书的架子工进行搭设。然而在实际的施工现场往往因人员供给不能满足要求或其他原因迫使管理人员不得不铤而走险雇佣无证人员，甚至是雇佣毫无施工经验的农民工，而且在施工前不进行培训或培训只流于形式，此种现象特别在农闲时期尤为严重。这些可能为事故的发生埋下安全隐患。所以，施工前一定要保证特殊工种人员持证上岗。同时，加强三级安全教育培训。要纠正自己的思想态度，对工作认真负责，做好每一道工序，合格、标准是对自己的最低要求。比如人为过失是导致风险最主要的因素之一，在整个施工周期内，加强开展安全教育培训，并在高危区域安装安全防护栏，高危人员用安全绳和防滑鞋等方法来避免风险。从风险规避、风险缓解的角度出发，减少事故发生的可能性及危害程度。以此保证施工人员完成的工作标准合格，满足国家及图纸的相关方面质量和技术要求。

最后，一定要加强技术交底工作。在施工现场大部分技术交底工作均只流于形式。在会议上，项目的技术负责人或其他管理人员对劳务班组管理人员口头上说明，而劳务班组负责人也只是应诺下而回去后未落实到各位施工人员，或劳务负责人并不太了解技术要求，不能更好地传达。同时，碍于总包与各位施工人员可能没有签署劳务合同，总包管理人员不能对施工人员下达工作指令或面对面进行技术交底工作，导致技术交底工作落实不到位。开工前，项目技术负责人要将工程概况、安全及技术措施按照方案、图纸和规范组织劳务班组管理人员和施工人员在现场进行技术交底工作。同时值得注意的是，施工单位存在施工先行，方案滞后的现象。所以，一定要专项施工方案先行。由前面的分析可知，搭设参数对模板支撑体系承载力可靠度的影响并不起决定性作用。当施工现场存在大量材料性能不满足要求或荷载偏心、过大时，会极大地降低架体的承载性能，易出现安全事故。对此，施工单位管理人员应结合实际施工情况，通过设计验算来判断架体的可靠性，制定切实可行且符合实际施工的专项施工方案。当架体的可靠指标较小时，在参考设计图纸和规范的基础上，可以增加各种构造措施。由试验现象可知，立杆出现的S形最大位移处于剪刀撑的中间层，因此特别在此处设置足够的剪刀撑、拧紧扣件、减小搭设偏心误差等管控措施；当架体的可靠性指标过小时，与设计院及时沟通，从设计专业的角度改变搭设构造等方法，以此保证工程安全、可靠。

5.2.3 管理措施

我国建设单位在各地均有许许多多的标志性建筑。如杭州万科西溪项目、成都龙湖晶蓝半岛项目等数不胜数。而标杆项目是干出来的，更是管出来的。这不仅仅需要良好的施工队伍，更需要优秀的管理团队。

首先，管理别人之前，一定要管理好自己。要求管理人员坚持自己的原则，对工作认真负责，不能存在差不多心理以及因情面姑息、得过且过。其次，管理一定要建立好完善的制度和责任人。最后，在施工全过程中必须要及时交圈，不仅仅是内部交圈，还要各单位各部门交圈，从风险规避、风险缓解等角度做好事前、事中、事后控制，降低风险概率及其后果影响，使得生命安全和财产得到有效的保障。

（1）施工单位管控

施工单位的管理是事前控制，事前控制是事中控制的基础，是质量控制目标的前提和保障，也是最容易控制和最重要的管控手段。做好事前控制工作，能够在萌芽阶段将安全问题消灭，真正做到防患于未然。因此，施工单位的管理人员和现场人员必须做好现场的质量和安全管理工作，做好事前控制，将风险由大化小、由小化无。

1）建立健全的安全管理机构和岗位责任制 施工单位要建立项目安全领导小组，并配备专职安检员，负责施工全过程的安全生产工作。项目经理要组织制定从管理层到工作层的各岗位安全生产责任制，各级签署安全生产责任书，并定期检查和评估项目成员安全生产责任制的执行情况。加强对项目各部分、各环节的检查，指导现场人员安全工作。同时建立奖惩制度，当出现问题时，直接追究责任人，对其进行严厉处罚；当定期内未出现安全问题，给予一定奖励。做到有章可循，违章必究，奖惩分明。

2）加强现场材料质量的抽检管理 由第3章分析可知，在施工过程中，各构配件材料性能、截面几何属性、扣件约束功能的衰减及退化等风险因素均对模板支撑体系的承载性能造成不利影响。而且，当材料初始几何缺陷较大时，即便搭设参数设计有利，也不一定安全、可靠。由此，施工单位对进场的各构配件初始性能务必把控好。对于进场材料，不仅仅要求供应商提供合格证明、检测报告等相关资料，还要现场进行自我检查工作。除进场检查外，定期进行抽检，抽检比例至少在50％以上，第2章试验现象发现在浇筑过程中，顶层扣件极易损坏，所以应该重点检查此区域构配件的性能，以相关规范或行业标准的材料规定值为最大容忍度，超出限定值的材料，采取校正或退场处理。在每次检查材料质量的工作过程中，质检员及现场参与人员签字盖章，做好档案管理工作，便于第三方评估或政府相关部门检查时提供依据。

3）加强模板搭设过程中的安全管理　搭设过程中，施工单位应严格执行专项施工方案，指定专人进行过程监控，在自检完毕后向监理工程师报验，并如实填写验收记录。搭设完毕后，在浇筑混凝土之前，必须经总包技术负责人、总监理工程师验收签字，以确保安全可靠。在确认混凝土强度达到设计要求后，方可进行模板拆除，且拆除顺序必须严格按照方案施工。每一道关键工序必须在自检合格签字确认的基础上，向监理报验，经批准后方可进行下一工序。

4）加强混凝土浇筑过程中的安全管理　在混凝土浇筑过程中要求项目现场管理者、监理、安全员、质检员、劳务管理人员以及测量员全程参与，各司其职。特别是监理要做好旁站工作，及时警告或制止现场不按照专项方案浇筑的行为；安全员要做好全程视频录制并上传系统，以确保数据的真实性和完整性；以模板支撑体系的水平位移和沉降作为重点内容，测量员要做好变形监控工作。每个监测剖面布置一个支架水平位移监测点，在建筑物四周设置4个沉降观测点。从试验现象中可知，形变波长通常为2倍步距，所以建议当发生0.25倍步距形变时，视为可能存在坍塌风险，立即严令停止浇筑施工。待情况不再进一步恶化，视情况采取预防措施，避免事故发生。通过多方面严格把控，确保变形值控制在允许范围内，当出现明显变化且有变大趋势时，及时向监理或现场其他管理人员汇报情况，视情况做出正确命令，将风险控制在可控范围内，保证安全。

（2）监理单位管控

监理单位的管理是事中控制，监理工程师要加强对现场安全监督巡查力度，有效监督施工关键环节、关键工序的旁站工作；发现违法违规行为依法采取监理措施，设置安全事故的"防火墙"，责令有关单位对发现的违规行为和隐患进行整改，对拒不整改的，及时向建设单位或政府主管部门报告。并且建立检查管理制度，要求每一道关键工序或主要风险因素必须进行验收，比如扣件拧紧力矩不足问题，扣件螺栓的拧紧力矩控制在40～65 N·m。要求质检员、安全员以及班组管理人员全部参与自检，层层100％检查，不放过每一个检查点，同时做好记录，参与者签字确认，指定具体责任人。在自检合格的基础上，监理和建设单位管理人员分别随机抽取50％和20％进行检查。对于不合格检查项，采取三次管理措施：第一次发现情况严重的，要求限期整改；第二次处于一定金额罚款并整改；

第三次在此基础上要求停工重新进行培训。监理与建设单位人员检查同时能够连续保持3次、6次、9次及以上的优秀工作表现，给予不同程度的奖励。检查管理制度体现恩威并重，其目标就是为了打造一个合格的乃至优秀工程，要求管理人员及施工人员以身作则，不得松懈。处罚不是为了罚而罚，而是为了安全、质量进行严格管理。

（3）建设单位管控

建设单位的管理人员必须认真履行项目建设业主方的安全监督管理职责，及时有效地制止违规违章施工。另外，建设单位不能出于迎接第三方检查或抢进度节点而不顾工程质量对施工单位施压催促施工，致使施工单位铤而走险留下安全隐患。

（4）政府部门管控

政府部门的安监站、质监站必须认真履行各自的监督责任，质监站务必着重对于模板支撑体系的钢管、构配件进行有效的检测和加大专项质量整治力度；安监站着重对于工程隐患排查和防坍塌整治工作贯彻执行力进行加强。

5.3 本章小结

本章主要介绍基于模板支撑体系实际存在的各种风险因素，参考前几章的研究，从设计、施工和管理三个方面提出管控措施。事前控制是重中之重，所以，施工单位务必严加把控材料、人员、施工质量、验收等各个环节。在风险管理的过程中，着重控制住这些风险因素，可以大大降低模板支撑体系发生倒塌的可能性。在施工期间，施工方以及各单位各部门及时交圈，对于可能出现的风险提前把控，将危险损失最小化，以保障人民生命、财产安全。

参考文献

[1] 何芳东，张潇，张伟，等. 模板支撑体系坍塌事故规律 [J]. 土木工程与管理学报，2018，35（4）：137-145.

[2] 袁雪霞，金伟良，鲁征，等. 扣件式钢管支模架稳定承载能力研究 [J]. 土木工程学报，2006（5）：47-54.

[3] 陈志华，陆征然，王小盾，等. 基于有侧移半刚性连接框架理论的无支撑模板支架稳定承载力分析及试验研究 [J]. 建筑结构学报，2010，31（12）：56-63.

[4] 陈志华，陆征然，王小盾，等. 基于部分侧移单杆稳定理论的无支撑扣件式模板支架承载力研究 [J]. 工程力学，2010，27（11）：99-105.

[5] 陆征然，陈志华，王小盾，等. 基于三点转动约束单杆稳定理论的扣件式钢管满堂支撑架承载力研究 [J]. 土木工程学报，2012，45（5）：112-121.

[6] 谢楠，王勇，李靖. 高大模板支架极限承载力的计算方法 [J]. 工程力学，2010（S1）：254-259.

[7] 张金轮，索小永，孙俊伟. 钢筋混凝土独立梁满堂扣件式钢管支撑架设计及其稳定性分析 [J]. 工业建筑，2015，45（12）：150-155.

[8] 贾莉，刘红波，陈志华，等. 扣件式钢管满堂脚手架承载力验算方法 [J]. 建筑结构，2016，46（6）：71-76.

[9] 庄金平，蔡雪峰，郑永乾，等. 高大模板扣件式钢管支撑系统整体受力性能研究 [J]. 土木工程学报，2016，49（10）：57-63.

[10] Gross J L，Lew H S. Analysis of shoring loads and slab capacity for multistory concrete construction [J]. Journal of the American Concrete Institute，1986，83(3)：533.

[11] Thai T T，Brian U，Kang W H，et al. System reliability evaluation of steel frames with semi-rigid connections [J]. Journal of Constructional Steel Research，2016，121：29-39.

[12] Charuvisit S，Ohdo K，Hino Y，et al. Risk assessment for scaffolding work in strong winds. Proceedings 10th international conference on structural safety and reliability (ICOSSAR'09)：safety，reliability and risk of structures，infrastructures and engineering systems. CRC Press，2010.

[13] 陆征然，陈志华，王小盾，等. 扣件式钢管满堂支撑体系稳定性的有限元分析及试验研究 [J]. 土木工程学报，2012. 45(1)：49-60.

[14] 谢楠，梁仁钟，王晶晶. 高大模板支架中人为过失发生规律及其对结构安全性的影响 [J]. 工程力学，2012(S1)：63-67.

[15] 郑莲琼，蔡雪峰，庄金平，等. 旋转扣件钢管节点抗滑性能的试验研究 [J]. 河南大学学报（自然科学版）2013，43(6)：711-715.

[16] 程佳佳. 高大模板支撑体系可靠度分析与研究 [D]. 西安：西安建筑科技大学，2012.

[17] 郭建. 实测缺陷对扣件式钢管脚手架结构性能的影响研究 [D]. 西安：长安大学，2012.

[18] 杨青雄. 实测缺陷对扣件式钢管脚手架结构极限承载力的影响分析 [D]. 西安：长安大学，2014.

[19] Dabaon M A，Elboghdadi M H，Kharoob O F. Experimental and numerical model for space steel and composite semi-rigid joints [J]. Steel Construction，2009，65(8)：1864-1875.

[20] Zhang H，Reynolds J，Rasmussen K J R，et al. Reliability-Based Load Requirements for Formwork Shores during Concrete Placement [J]. Journal of structural engineering，ASCE，2015，142(1).

[21] 胡长明，车佳玲，张化振，等. 节点半刚性对扣件式钢管模板支架稳定承载力的影响分析 [J]. 工业建筑，2010(2)：25-28.

[22] 陈安英，郭正兴. 基于位移反分析理论的扣件式钢管支架节点刚度整架试验研究 [J]. 工业建筑，2013(3)：102-107.

[23] 刘莉，王博，吴金国，等. 扣件式钢管模板支架可调支托试验 [J]. 沈阳建筑大学学报（自科版），2015，31(4)：680-688.

[24] 陆征然，郭超，李帼昌，等. 桥梁满堂脚手架在偏心荷载作用下的承载性能研究 [J]. 天津大学学报：自然科学与工程技术版，2016，49(S1)：64-72.

[25] 陆征然，郭超，李帼昌，等. 水平冲击荷载作用下高大满堂支撑架动力性能研究 [J]. 天津大学学报（自然科学与工程技术版），2017(50)：77.

[26] 崔红娜，陈志华，刘红波，等. 脚手架扣件节点预紧力有限元分析与试验研究 [J]. 施工技术，2018，47(11)：122-124.

[27] Yang D，Hancock G J. Compression tests of high strength steel channel columns with interaction between local and distortional buckling [J]. Journal of structural engineering，ASCE，2004，130(12)：1954-1963.

[28] Gilbert B P，Rasmussen K J R. Drive-In steel storage racks I：stiffness tests and 3D Load-Transfer mechanisms [J]. Journal of structural engineering，ASCE，2012，138(2)：135-147.

[29] Mehri H，Crocetti R. Scaffolding bracing of composite bridges during construction [J]. Journal of bridge engineering，ASCE，2016，21(3).

[30] 王雪艳，梅源，欧阳斌. AHP 和模糊综合评判在高支模体系安全评估中的应用 [J]. 建筑安全，2010(2)：18-22.

[31] 郑莲琼，蔡雪峰，庄金平，等. 高大模板扣件式钢管支撑体系现场实测与分析 [J]. 工业建筑，2013，43(7)：101-105.

[32] 陈国华，吴武生，许三元，等. 基于 WBS-RBS 与 AHP 的跨海桥梁工程施工 HSE 风险评价 [J]. 中国安全科学学报，2013，23(9)：51-57.

[33] 薛瑶，刘永强，戴玮，等. WBS-RBS 法在水利工程全过程管理中的风险识别 [J]. 中国农村水利水电，2014，2：71-74.

[34] 李宗坤，张亚东，宋浩静，等. 基于施工进度计划的建设工程施工期风险分析 [J]. 水力发电学报，2015，34(6).

[35] 苏丹阳. 高大模板支撑体系安全稳定性研究 [D]. 淮南：安徽理工大学，2017.

[36] 戴顺. 扣件式高大模板支撑体系稳定性与承载能力研究 [D]. 扬州：扬州大学，2018.

[37] Carr V，Tah J H M. A fuzzy approach to construction project risk assessment and analysis：construction project risk management system [J]. Advances in Engineering Software，2001，32 (10-11)：847-857.

[38] Farnad N，Abbas A，Mostafa K. Dynamic risk analysis in construction projects [J]. Canadian Journal of Civil Engineering，2008，35(8)：820-831.

[39] Abdelgawad M，Fayek A R. Risk management in the construction industry using combined fuzzy FMEA and fuzzy AHP [J]. Journal of Construction Engineering and Management. 2010，136(9)，1028-1036.

[40] Abdelgawad M，Fayek A R. Comprehensive hybrid framework for risk analysis in the construction industry using combined failure mode and effect analysis, fault trees, event trees, and fuzzy logic [J]. Journal of Construction Engineering and Management. 2012，138(5)，642-651.

[41] Khakzad N，Khan F，Amyotte P. Dynamic risk analysis using bow-tie approach [J]. Reliability Engi-

neering & System Safety，2012，104：36-44.

[42] Wang Z Z，Chen C. Fuzzy comprehensive Bayesian network-based safety risk assessment for metro construction projects [J]. Tunnelling and Underground Space Technology，2017，70：330-342.

[43] 苗吉军，顾祥林，方晓铭. 高层建筑混凝土结构施工活荷载的统计分析 [J]. 建筑结构，2002，32(3)：7-9.

[44] 赵挺生，方东平，顾祥林，等. 施工期现浇钢筋混凝土结构的受力特性 [J]. 工程力学，2004，21(2)：62-68.

[45] 赵挺生，刘树逊，顾祥林. 混凝土房屋建筑施工活荷载的实测统计 [J]. 施工技术，2005，34(7)：63-65.

[46] 谢楠，梁仁钟，胡杭. 基于影响面的混凝土浇筑期施工荷载研究 [J]. 工程力学，2011，28(10)：173-178.

[47] 谢楠，张坚，张丽，等. 基于影响面的混凝土浇筑期施工荷载调查和统计分析 [J]. 工程力学，2015，32(2)：90-96.

[48] 金国辉，赵换云，郝增奎. 风荷载对扣件式钢管高支撑架承载力的影响 [J]. 山东农业大学学报（自然科学版），2017，48(2)：219-222.

[49] Zhang H，Chandrangsu T，Rasmussen K J R. Probabilistic study of the strength of steel scaffold systems [J]. Structural Safety，2010，32(6)：393-401.

[50] Zhang H，Rasmussen K J R，Ellingwood B R. Reliability assessment of steel scaffold shoring structures for concrete formwork [J]. Engineering Structures，2012，36：81-89.

[51] Reynolds J B. Advanced analysis and reliability-based design of steel scaffolding systems [D]. Australia：Sydney University，2014.

[52] 胡长明，刘洪亮，曾凡奎，等. 扣件式钢管高大模板支架研究进展 [J]. 工业建筑，2010，40(2)：1-6.

[53] 谢楠，李政，郝鹏. 混凝土浇筑期模板支架荷载动力效应试验研究 [J]. 施工技术，2011，40(16)：64-67.

[54] 闫鑫，胡长明，曾凡奎，等. 顶端伸出长度对高大模板支架稳定承载力的影响分析 [J]. 施工技术，2009，38(4)：77-79.

[55] 中国建筑科学研究院. 建筑施工扣件式钢管脚手架安全技术规范：JGJ 130—2011 [S]. 北京：中国建筑工业出版社，2011.

[56] 徐善华，任松波. 锈蚀后钢管弹性模量与屈服强度的计算模型 [J]. 机械工程材料，2015，39(10)：77-81.

[57] 沈勤，胡长明，车佳玲，等. 搭设参数对扣件式钢管模板支撑整体稳定性影响的数值分析 [J]. 工业建筑，2010，40(2)：12-16.

[58] 刘建民，李慧民. 扣件式钢管模板支撑架立杆承载力的影响因素分析 [J]. 工业建筑，2005，35(S1)：758-760.

[59] 戴顺. 扣件式高大模板支撑体系稳定性与承载能力研究 [D]. 扬州：扬州大学，2018.

[60] 庄明智. 扣件式钢管满堂支撑体系受力性能与可靠度分析 [D]. 福州：福州大学，2016.

[61] 贾莉. 扣件式钢管满堂脚手架力学性能与设计方法研究 [D]. 天津：天津大学，2017.

[62] 胡乾传. 满堂扣件式钢管脚手架安全监测系统的研究 [D]. 合肥：安徽建筑大学，2018.

[63] 于续春. 扣件式钢管模板支撑临时结构可靠度分析与研究 [D]. 南京：东南大学，2018.

[64] 董松. 扣件式钢管脚手架施工安全管理研究 [J]. 建筑技术开发，2019，46(17)：67-68.

[65] 杨晨. 钢管脚手架对接扣件式接长立杆的轴压稳定承载力研究 [D]. 西安：西安建筑科技大

学，2020.

[66] Jui-Lin Peng, Kuan-Hung Chen, Siu-Lai Chan, et al. Experimental and analytical studies on steel scaffolds under eccentric load [J]. Journal of Constructional Steel Research, 2009, 65: 422-435.

[67] Beale R G. Scaffold research-a review [J]. Journal of Constructional Steel Research, 2014, 98: 188-200.

[68] Hongbo Liu, Qiuhong Zhao, Xiaodun Wang, et al. Experimental and analytical studies on the stability of structural steel tube and coupler scaffolds without X-bracing [J]. Engineering Structures, 2010, 32: 1003-1015.

[69] Peng J L, Wu C W, Chan S L, et al. Experimental and numerical studies of practical system scaffolds [J]. J Construct Steel Res, 2013, 91: 64-75.

[70] Zhang H, Rasmussen K J R. System-based design for steel scaffold structures using advanced analysis [J]. J Construct Steel Res, 2013, 89: 1-8.

[71] Peng J L, Pan A D, Rosowsky D V, et al. High clearance scaffold systems during construction-1: structural modeling and modes of failure [J]. Eng Struct 1996, 18: 247-57.

[72] Peng J L, Pan A D, Rosowsky D V, et al. High clearance scaffold systems during construction-2: structural analysis and development of design guidelines [J]. Eng Struct, 1996, 18: 258-67.

[73] Peng J L, Pan A D, Chen W F, et al. Structural modeling and analysis of modular falsework systems [J]. ASCE J Struct Eng, 1997, 123: 1245-51.

[74] Peng J L, Pan A D, Chan S L. Simplified models for analysis and design of modular falsework [J]. J Construct Steel Res, 1998, 48: 189-209.

[75] Epaarachchi D C, Stewart M G, Rosowsky D V. Structural reliability of multistory buildings during construction [J]. Journal of Structural Engineering, 2002, 128(2): 205-213.

[76] Epaarachchi D C, Stewart M G. Human error and reliability of multistory reinforced-concrete building construction [J]. Journal of Performance of Constructed Facilities, 2004, 18(1): 12-20.